家庭服务业从业人员岗位技能培训丛书

居家保洁

编委会

顾　问：张文范　焦　扬

主　任：陈锡珠　赵建德

编　委：黄芝娴　汪晓鸣　李小宾　吴　登

　　　　龚玲芳　孙士珍　杜丽华　马丽萍

　　　　许定丽

主　编：黄芝娴

编　者：卞　文　许宏飞　许苗生

主　审：章临湘

中国劳动社会保障出版社

图书在版编目（CIP）数据

居家保洁/黄芝娴主编. —北京：中国劳动社会保障出版社，2012
（家庭服务业从业人员岗位技能培训丛书）
ISBN 978 - 7 - 5167 - 0077 - 8

Ⅰ.①居…　Ⅱ.①黄…　Ⅲ.①家庭-清洁卫生-职业教育-教材　Ⅳ.①TS976.14

中国版本图书馆 CIP 数据核字（2012）第 277477 号

中国劳动社会保障出版社出版发行

（ 北京市惠新东街 1 号　邮政编码：100029 ）

出　版　人：张梦欣

*

三河市华骏印务包装有限公司印刷装订　新华书店经销

787 毫米×1040 毫米　16 开本　6 印张　111 千字

2012 年 12 月第 1 版　2020 年 12 月第 2 次印刷

定价：**18.00** 元

读者服务部电话：（010）64929211/84209101/64921644

营销中心电话：（010）64962347

出版社网址：**http://www.class.com.cn**

内 容 简 介

  本教材旨在提升家庭服务业从业人员职业技能水平，从强化培养操作技能、掌握实用技术的角度出发，较好地体现了当前最新的实用知识与操作技术，指导和帮助从业人员掌握居家保洁的核心知识与技能。

  本教材在编写过程中根据本职业的工作特点，以能力培养为根本出发点，采用任务引领型的编写方式。教材共分为两章，分别为家庭日常保洁、衣物洗涤与收藏，图文并茂地介绍了居家保洁的工具、清洁剂，各居室保洁，衣物洗涤、晾晒、存放等保洁项目的技能要点。

序

　　随着我国科学技术的飞速发展和产业结构的不断调整，各种新兴职业应运而生，传统家政行业也愈来愈多、愈来愈快地融进了各种新岗位、新知识、新技术。因而加快培养合格的、适应现代家庭服务业建设要求的高技能人才就显得尤为迫切。

　　近年来，中国家庭服务业协会在加快中国家庭服务业高技能人才建设方面进行了有益的探索，积累了丰富宝贵的经验。为优化家政服务人力资源结构，加快家政高技能人才队伍建设，上海市家庭服务业行业协会引进养老服务、婴幼儿保育、助残服务等国际先进理念，在优化细分、培训教材、强化岗位操作能力等方面，做了有益的探索和尝试，推出了"家庭服务业从业人员岗位技能培训丛书"，为广大家政服务员学习知识和技能，提高实践操作能力和职业转换能力提供了方便。同时也为家庭成员有选择地学习家政服务知识提供了参考。

　　中国家庭服务业是一项朝阳产业，是关乎千家万户的民生工程。党的十八大提出"要建设美丽中国"，家庭服务业又迎来了新的机遇、新的天地，在新的历史起点上，按照党的十八大精神，坚持用科学发展观，引领中国家庭服务健康发展，不断提高家政服务员队伍整体素质，为打造具有中国特色、中国气质、有素养的家庭服务队伍而努力。

中国家庭服务业协会会长

张子元

2012 年 11 月

目 录

第 1 章

家庭日常保洁

第1节　家居常用清洁工具和清洁剂

引　入

　　张女士退休在家，因为行动不便，每周都会请家政服务员来家里做家政服务工作。今天是李兰第一天上班，她既兴奋又有一些忐忑，刚参加完"家庭日常保洁"的模块化培训，今天是不是可以将学到的内容都很好地运用呢？是不是能让张女士感到满意呢？

　　带着有一点复杂的心情，李兰按响了张女士家的门铃。

项目1　日常保洁工具的选择和使用

● 场景介绍

　　今天是上课第一天，李兰看着教室里满满当当的人，觉得很踏实，很多同乡经过培训都已经正式走上了工作岗位，拿着较高的薪水。

　　李兰希望在这里学到居家保洁的技能，成为一名合格的家政服务员。

　　讲桌上放着许多保洁工具，李兰很好奇，原来保洁也有很多窍门在里面，不像自己想的那么简单。

技能列表

序号	技　能	重要性
1	能够根据不同的环境使用不同的保洁工具	★★★
2	能够正确使用保洁工具	★★★★

● 准备

　　要能够根据不同的环境选择不同的保洁工具并正确使用，需要了解居室保洁使用的各种保洁工具的性能、适用场合、使用方法等。

一、抹擦工具

1. 抹布

（1）抹布的材质。抹布的材质有很多种，有纯棉抹布、木纤维制成的神奇抹布、无纺布抹布、海绵百洁布等，详见表1—1。

表 1—1 　　　　　　　　　　　　　　　　抹布的种类

种类	说　　明
纯棉抹布	蓬松、柔软，吸水、吸污性强，擦拭物品不伤表面，易清洁及消毒。适用于清洁电器、家具、器皿、厨房和卫生间等表面污垢和尘埃
神奇抹布	吸水性强，便于清洗。具有吸收污垢和油渍的能力。坚固耐用，不掉绒毛，易洗、快干，不发霉，无臭味。可用于洗餐具、擦台面，也可擦器皿、玻璃、电器及各种家居表面
无纺布抹布	透气性好，湿润后手感柔软，吸水、吸油性强，不损伤物品，不发霉，不发臭，不藏垢。可用于玻璃、家电、家具等表面的除尘，以及清洗、擦拭陶瓷餐具
海绵百洁布	吸水性特别好，去污力强。清洗陶瓷、不锈钢表面的污垢时省力。但海绵内气孔易滋生细菌，百洁布较为粗糙，不能用于清洁细瓷餐具

（2）抹布的正确使用方法

1）折叠使用抹布。抹布使用时需紧贴擦拭部位表面，顺势而擦，及时翻转脏污面，切忌一把抓抹，一擦到底。

2）专布专用。根据不同清洁部位，应专布专用，切忌一块抹布擦完卧室擦厨房，甚至擦卫浴盥洗室，不同部位的抹布使用后要分开清洗，分开晾挂，以防止细菌交叉感染。

3）抹布消毒。使用搓洗干净的抹布擦拭各部位表面，擦完要及时清洗抹布并将其晾晒在通风或向阳处，以达到自然消毒、灭菌的作用。也可把抹布放进沸水中煮10分钟，或浸泡在稀释好的消毒液（或漂白水）中20～30分钟，以达到消毒的目的。

若用水将抹布完全浸没,放进微波炉高火加热 2 分钟,可杀灭绝大部分细菌。

4)擦拭油污过多的抹布如难以清洗应及时淘汰。

2. 拖把

(1)拖把的种类。常用的拖把中有传统的用棉布条、棉线条制成的拖把,轻巧易干的无纺布拖把,能卸下来洗涤的万能拖把,具有超强吸水能力的胶棉拖把等,是清洁各种不同材质地面的主要工具,详见表 1—2。

表 1—2   拖把的种类

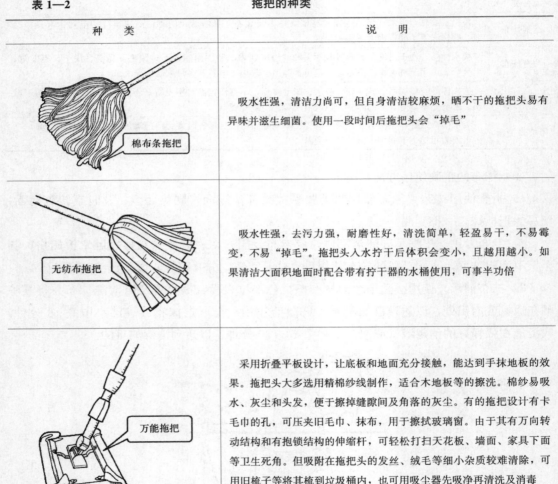

种 类	说 明
棉布条拖把	吸水性强,清洁力尚可,但自身清洁较麻烦,晒不干的拖把头易有异味并滋生细菌。使用一段时间后拖把头会"掉毛"
无纺布拖把	吸水性强,去污力强,耐磨性好,清洗简单,轻盈易干,不易霉变,不易"掉毛"。拖把头入水拧干后体积会变小,且越用越小。如果清洁大面积地面时配合带有拧干器的水桶使用,可事半功倍
万能拖把	采用折叠平板设计,让底板和地面充分接触,能达到手抹地板的效果。拖把头大多选用精棉纱线制作,适合木地板等的擦洗。棉纱易吸水、灰尘和头发,便于擦掉缝隙间及角落的灰尘。有的拖把设计有卡毛巾的孔,可压夹旧毛巾、抹布,用于擦拭玻璃窗。由于其有万向转动结构和有抱锁结构的伸缩杆,可轻松打扫天花板、墙面、家具下面等卫生死角。但吸附在拖把头的发丝、绒毛等细小杂质较难清除,可用旧梳子等将其梳到垃圾桶内,也可用吸尘器先吸净再清洗及消毒

种　类	说　明
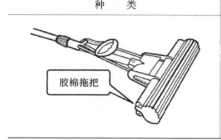 胶棉拖把	胶棉拖把的清洁头采用 PVA 胶棉制作而成，具有超强吸水能力，是一般海绵的十倍，操作方便。清洁拖把时，只要将胶棉头浸在水中，轻拉拉杆，污水即可排出，放置后，胶棉头自然干燥硬化，可防止细菌滋生。这种拖把除了用做地板清洁工具，还可以清洁墙壁和天花板；但其对头发的吸附能力差，不宜用于擦拭油脂及化学类污垢，对边角的清洁能力欠佳

（2）拖把的正确使用

1）勤换水，勤搓洗。湿拖把可除去浮尘、污渍，使用时，要向着一个方向拖地，要勤换水，勤搓洗，切忌一拖到底。

2）及时清洁及消毒。任何材质的拖把用完后都要用中性洗涤剂清洗干净，也可放在配制好的消毒水中浸泡消毒。

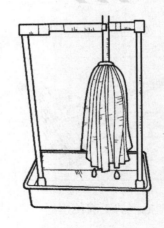

3）正确晾晒。棉质拖把在阳光下晾晒干燥后，能防潮、防异味，但超细纤维、无纺布和胶棉材质的拖把要在通风处晾干，避免暴晒，以防止材料收缩、变形，影响保洁效果。

4）正确放置。拖把不能堆放在地上，折叠平拖可脱卸，将拖把头清洗后放在通风处晾晒；传统的棉布条、棉线条制成的拖把应在通风处悬空晾挂。切忌把没洗净的拖把放在门后，以免霉变或滋生细菌，污染居室环境。

二、掸扫工具

1. 掸子

（1）掸子的材质。掸子是拂去墙面、家具表面灰尘的主要工具。鸡毛掸子是传统的保洁工具。现代掸子有利用静电原理吸附灰尘、易于清洁的魔力掸子，有小巧实用、打开就能轻松除去死角灰尘的电动掸子等。

（2）掸子的正确使用

1）掸灰不扬尘。掸灰尘时，应紧贴被清洁的表面，由高处向下掸扫，以免扬起灰尘。

2）应及时抖落掸子上黏附的灰尘。鸡毛掸子不可用水清洗，使用后于通风处挂起；魔力掸子应注意及时清洗、晾晒。

3）发现鸡毛掸子羽毛脱落，仅剩羽毛梗时，应将其拔出，以免划伤被清洁的表面。

2. 扫帚

（1）扫帚的材质。扫帚是扫地除尘的工具。传统的扫帚采用芦花、高粱秆、竹梢扎制而成，现在家用扫帚通常是由猪鬃或化纤材料制成的，比较轻巧，扫地时不易扬尘，但使用后扫帚上易黏附垃圾、灰尘。

（2）扫帚的正确使用

1）避免扬尘和污染。扫地时要稳、沉、慢，避免灰尘扬起。扫出的垃圾聚于一堆时应及时扫入簸箕内。清扫完毕，扫帚应放在簸箕中拿走，不得悬空或在地面上拖走，以免再次污染环境。

2）及时清洗及晾晒。扫帚在每天使用后应及时清洗，放通风处晾晒，切忌将沾满污垢的扫帚放在门后或角落处。

三、吸尘器

吸尘器是清除家中灰尘的常用工具，是家居保洁的好帮手。不同类型吸尘器的功能和特点见表1—3。

表 1—3　　　　　　　　　　　　　　不同类型吸尘器的功能和特点

种类	功能和特点
微型吸尘器	体积小，收纳方便，功率较小，多用于清洁衣物、绒面沙发、电器等
普通吸尘器	按结构不同主要分为立式、便携式和卧式。用于地毯、地面、家居、家电和其他一些物品的除尘
智能吸尘器	具有智能清扫、边缘清扫、自主导航、遥控清扫等功能，其噪声低、节能

● 操作

　　课堂上学习了保洁工具的基础知识以后，老师开始教大家吸尘器的正确使用方法，李兰听得很认真。

任务　正确使用吸尘器

步骤 1　吸尘器附件的安装

卧式吸尘器外形如下图所示，连接时需插紧，并稍加旋转，使其连接牢靠。具体步骤如下：

1. 将软管的一端插入吸尘器进风嘴，另一端插上弯管。
2. 在弯管的另一端根据需要插上接长管。
3. 接长管的另一端是根据清洁场所不同选用的吸尘清洁刷。

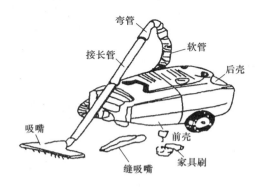

步骤 2　吸尘器附件的选用

不同场所的吸尘应选用不同的吸尘嘴，忌用软管直接吸取灰尘和垃圾。

1. 地毯、地板应选用吸嘴来吸尘。

2. 家具、书架、墙壁、天花板应选用家具刷来吸尘。

3. 墙角落、沙发缝隙和地板缝隙应选用缝吸嘴来吸尘。

4. 黏附有污垢的地毯或地板应选用有动力的滚刷，先把污垢剥离，然后再吸尘。

步骤 3　吸尘器的安全使用

1. 使用前检查机体上所有部件是否到位，检查无误后才能开机使用。

2. 检查电源是否相符，某些进口吸尘器使用的电源是交流 100 伏或 110 伏，就不能插入交流 220 伏的插座中使用。

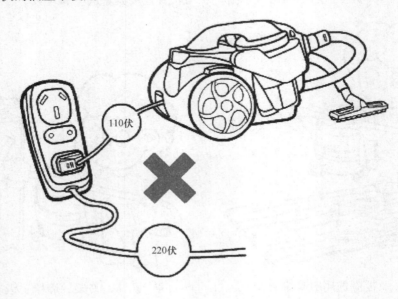

110伏

220伏

3. 插上电源，开启电源开关，观察吸尘器电动机运转是否正常。

4. 根据清扫需要选择吸嘴、缝吸嘴或家具刷，安装于吸管处即可，开始吸尘。

步骤 4　吸尘器的保养

1. 避免暴晒、烘烤和雨淋，以免损坏壳体和内部机件。

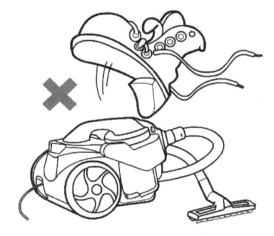

2. 不要将吸尘器当做玩具让小孩骑坐玩耍，以免损坏壳体。

3. 小心轻放吸尘器的附件，避免脚踩、重压、强行折叠以及在粗糙的地面上拖拉，以免其扁瘪、破裂、折断或被划伤。

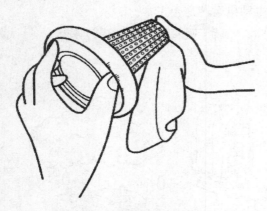

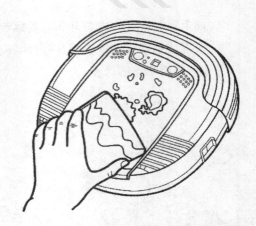

4. 定期对过滤器进行清灰、疏通，可用中性肥皂水清洗，晾干后再使用。纸质过滤器不能用水清洗，要经常更换，也可用拍击的方法清除积尘。

5. 吸尘器的外壳如有污垢黏附，可以用软布蘸肥皂水擦拭。不可用酒精、香蕉水、甲苯等化学溶剂擦拭，以免损坏机件。

● 提高

1. 吸尘器连续使用时间一般不超过半小时，使用过程中如发现有焦味、冒烟及异常声音时应立即关机，切断电源并停止操作。吸尘器吸管如有堵塞应立即疏通。集尘袋中尘埃较多时要及时倒出，并经常清洗集尘袋，保持良好的通风道。

2. 不能用吸尘器吸未熄灭的炉灰、烟蒂以及具有腐蚀性的物质，也不能吸尖锐、锋利的碎玻璃、破瓷片、刀片头等。一般非干湿型的吸尘器也不能吸水、湿尘和污泥。对于体积较大的昆虫，应先将其打死，然后再吸入吸尘器内，以防止它们在集尘室内咬破过滤器等，破坏内部构件。

3. 吸尘器不可以在粉尘严重及禁火的环境（如矿井、面粉厂、油库等）中使用，因为吸尘器的电动机火花会造成瓦斯及粉尘、油气爆炸；也不能吸过细的微粒（如复印机石墨粉等），因为吸进后会穿过过滤器经主机再排出吸尘器外，造成环境污染。

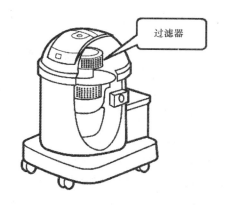

4. 禁止使用未装上过滤器的吸尘器，否则吸入的灰尘、垃圾直接进入吸尘器主机，会损坏主机。

5. 吸尘器电源线不能强行拉过极限标志，以防止损坏收线设备。使用结束要关闭吸尘器的电源开关，拔出插头，收放好电线；同时清除集尘室积尘，清洁附件，放回固定的位置。

6. 吸尘器如有故障，应送该吸尘器厂家的维修站修理。不要随便打开吸尘器的主机室，更不能在通电时打开，以免发生触电危险。

项目2　常用清洁剂的选择和使用

场景介绍

　　学习完日常保洁工具的选择和使用，李兰对接下来的学习产生了更大的兴趣，她一直认为保洁是一项非常简单的工作，没想到其实里面也有许多值得学习的知识。

　　完成对保洁工具使用方式的学习后，紧接着应该熟悉常用清洁剂的选择和使用了，李兰在上课之前先去超市逛了一圈，把市场上的清洁剂看了个遍，以便做到心中有数。

技能列表

序号	技　能	重要性
1	能够根据不同的环境使用不同的清洁剂	★★★
2	能够正确使用清洁剂	★★★★

准备

　　为了能够根据不同的环境使用不同的清洁剂，并正确使用清洁剂，需要了解居室保洁使用的各种清洁剂的性能、适用场合、使用方法等。

一、洁厨用品

1. 洗洁精

洗洁精能迅速分解油腻，快速去污除菌。使用时可先将少量洗洁精挤于海绵或洗碗布上，清洁餐具和其他厨房用品；也可将洗洁精稀释在水里，洗涤浓度以 0.2%～0.5% 为宜，用于浸洗蔬菜、水果和餐具（浸泡时间为 5 分钟），以帮助去除表面农药残留等物质，浸洗过的蔬菜、水果和餐具必须用流动水冲洗干净。

2. 油污清洗剂

油污清洗剂是一种乳化剂，可用于不锈钢、大理石等多种表面，可清除厨房特别油腻的污垢。具体操作过程如下：

将油污清洗剂喷在污垢处，稍待几分钟，油污发生乳化、分解后，用干抹布或厨房用纸擦除油污，忌用湿抹布擦拭。顽固的油污可用刷子蘸上油污清洗剂刷除后再用干抹布擦净。

3. 消毒清洁剂

消毒清洁剂一般用于水果、蔬菜、茶杯、餐具、砧板等的消毒，也可用于冰箱、电话以及其他硬质物体表面的洗涤、消毒，可杀灭多种细菌。

消毒清洁剂可用原液直接涂擦，或喷于待处理的表面，再用干布擦净；也可加水稀释后使用，要依据消毒清洁剂的说明，针对不同物品，选择不同的稀释比例。

二、洁厕用品

1. 浴缸清洁剂

浴缸清洁剂为中性清洁剂，对浴缸表面及其附件无损伤，能清洁浴缸表面常见的皂渍、水垢、黄斑，并具有消毒、除臭功效，也可用于脸盆、瓷砖、搪瓷、马赛克等表面的清洁。

2. 洁厕剂

洁厕剂大多采用专业导向式喷嘴结构，能使洁厕液均匀地喷射在坐便器四周，其特有的增稠液体能附着在坐便器内壁，用刷子轻刷后，用水冲净即可。洁厕剂可以有效清洁、杀菌、消毒、除臭，确保坐便器清洁、卫生，并且对坐便器表面无损伤。洁厕剂一般仅限用于洁厕，不可用来清洁瓷砖、地面。

3. 自动冲洗洁厕剂

自动冲洗洁厕剂含有特殊高效清洁微粒，能在厕盆内壁形成特殊防护膜，只需放入水箱，即可自动溶解。每次冲水后，清洁微粒随水流自动清洗厕盆表面，以防止形成污垢和锈斑，能保持厕盆清洁卫生，同时起到杀菌作用，还能保护陶瓷和金属表面。但第一次使用自动冲洗洁厕剂时，要彻底刷净厕盆。

三、其他表面清洁用品

1. 玻璃清洁剂

玻璃清洁剂能分解玻璃表面的污垢，去除玻璃表面的油污，彻底清洁，不留水痕，不易附灰，使用以后还能在玻璃表面形成一层光亮的薄膜，不易再污染。玻璃清洁剂使用时要距玻璃20厘米均匀地喷洒在玻璃表面，用擦窗器或干布轻轻擦拭即可。

2. 墙纸清洁剂

墙纸清洁剂是一种含有特殊表面活性剂的清洁剂，它能够非常有效地清除墙纸表面的各种污垢，并且不损伤墙纸。墙纸清洁剂使用时，要离墙面20厘米喷射于污垢处，10分钟以后用干布轻轻擦净。

3. 地毯清洁剂

使用时，将地毯清洁剂均匀地喷洒在污垢表面，待其充分渗透3～5分钟后，用干抹布或海绵做局部清洁。可以除去油墨、酱汁、红茶、咖啡等污渍，也可以用于清洁沙发、窗帘等处的污渍。

4. 静电牵尘剂

静电牵尘剂利用静电原理，拥有吸附灰尘和沙粒的能力，能简单、快速地清除各种打蜡地面上的尘埃和污垢，使地面光洁，适用于大理石、花岗石、地砖及木质地板的清洁。使用时，将静电牵尘剂均匀地喷洒在尘拖上，使其渗透，无明显潮湿感后，将尘拖在打蜡地板上直线推进，即可吸附灰尘和污垢。

5. 家具清洁护理喷蜡

适应现代家具护理需求的家具清洁护理喷蜡品种很多，目前家庭中使用较多的是碧丽珠，它含有丰富的硅油和乳蜡，适用于各种木质、皮革、防火胶板、大理石家具等表面的护理和清洁，使用很方便。

使用家具清洁护理喷蜡前应先摇匀，直立罐身，在距家具表面约 15 厘米处轻轻喷射，再用柔软干布擦拭，去污、除尘、上光一次完成，能给家具全面保护，使家具表面光洁如新。

● 提高

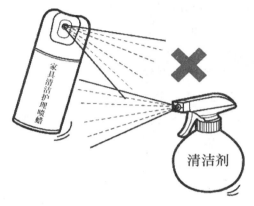

1. 无论哪种清洁剂，使用前都要仔细阅读使用说明书，了解稀释比例、使用范围等，并根据清洁部位的材质特点正确选用。

2. 不可将几种清洁剂混合使用，以避免对人体产生不可预知的伤害。

3. 在清洁剂使用过程中，不要用手直接接触。建议戴橡胶手套，保护双手表面皮肤；气味重时，戴上口罩。若不慎入眼或触及皮肤，须立即用清水冲洗。

4. 清洁剂的存放要远离儿童，以避免儿童误吞、误食。

第 2 节　家居日常保洁

引　入

天色渐渐暗去，街上来来往往的人群踏着匆忙的脚步。

李兰刚踏进家门，电话铃响了……

"……"

"好的，没问题，谢谢张女士给我这个机会。"

李兰是个聪明、勤劳的姑娘，张女士对李兰一天的日常保洁工作成绩非常满意，决定继续将李兰留在家中服务。

李兰下定决心，一定要继续用心参加家政服务员的培训，于是，她又走进了课堂……

项目 1　家居墙面的日常清洁与保养

● 场景介绍

在完成对清洁剂的选择和使用等知识的学习后，李兰了解了更多原本并不熟知的清洁剂种类，这才发现，原来用对清洁剂可以让清洁工作更省力。

李兰回到自己家中，略显泛暗的墙面顿时映入了眼帘，她突然有了想要好好擦拭一番的冲动，但转念一想"明天不是就要培训关于家居保洁的内容了吗？不如课后再回家实践吧……"

技能列表

序号	技　能	重要性
1	能够区分不同材质表面的清洁方法	★★★
2	能够掌握家居各部位保洁的基本常识	★★★★

● 准备

能够根据不同环境中墙立面的设置及墙面材质的区别使用正确的清洁方法，需要了解家居墙面清洁和使用的各种清洁工具、清洁方式及保养方法等。

一、墙面

现代家居的墙面以墙纸、乳胶漆、瓷砖和护墙板墙面为主，有些家居用大理石、玻化石作为墙面。不同材质的墙面，其清洁方法有所不同。

1. 墙纸

墙纸表面比较平整、光滑，一般不易积灰，平时经常用鸡毛掸子掸扫，或隔月用吸尘器清理即可。

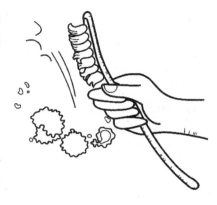

墙纸墙面在使用前，要彻底清除墙纸表面遗留的胶水，以免日后胶水吸水、吸尘，在墙面上产生霉斑。若不慎沾上污垢，可以用旧牙刷轻轻刷去，然后用湿布擦拭，直至干净为止。墙纸墙面要避免受潮，用于擦拭污垢的抹布不能太湿，以免墙纸起壳翘起。

2. 乳胶漆

乳胶漆墙面表面比较平整、光滑，不易积灰，也容易清洁。由于比较透气，吸湿性好，能保持房间内的干燥，大多数家居选用乳胶漆粉刷墙面。

乳胶漆墙面不及墙纸耐擦洗，沾上污垢后要立刻用拧干的湿布轻擦，以避免损伤墙面。平时经常用鸡毛掸子掸扫，或隔几个月用吸尘器清理即可。

3. 瓷砖、大理石、玻化石墙面

瓷砖、大理石、玻化石一般用来装饰卫浴室和厨房的墙面，比较潮湿，易污染。浴室中的瓷砖墙面在每天洗澡结束后应及时冲洗，如有积垢，可以先喷洒瓷砖清洁剂或浴缸清洗剂，用海绵或抹布擦匀后，稍待片刻，再用清水冲洗，随后擦干。

厨房的瓷砖墙面在每天烹饪结束后要用抹布擦拭。燃气灶边上的墙面较易沾染油烟，可先用少许洗洁精擦拭，再用湿抹布擦净；如油腻较重，可先用牙刷蘸上洗涤剂或牙膏刷洗墙面，再用清水擦拭。对于墙面的接缝处也要擦干净，以免影响厨房整体美观。

4. 护墙板

护墙板多为木质和塑料两大类，要根据表面材料采用适当的清洁方法。

木质护墙板表面用毛巾或干抹布擦拭，隔一段时间用家具上光蜡薄薄地打上一层蜡，再用干净棉纱擦拭，使其表面光洁，不易沾灰。如不慎沾上污垢，先用湿布擦拭，再立即用干布擦干，晾透后再打上一层上光蜡。选用清洁及保护油漆的上光蜡时要先试用，以免劣质或不匹配产品破坏油漆表面。

塑料材质的护墙板可以用湿布擦拭保洁。

二、墙立面其他设施

1. 门和窗

门和窗是室内墙面的重要组成部分，应根据不同材质的特点进行科学保洁。

（1）门

1）用掸子掸去门表面的浮尘，按先上后下、先框后门的顺序依次擦拭门套（门框）顶端、门铰链、门顶端、门表面和门拉手（锁具）。

2）木质的门、框应用柔软的干布擦拭。门上有不易去除的污渍时，用拧干的湿抹布擦拭；也可用抹布蘸少许洗洁精或牙膏擦除污渍，再用拧干的清洁抹布擦拭干净，最后用干抹布擦干。

3）塑钢的阳台门、框可用湿抹布擦拭。

4）木质和烤漆板材制作的门应定期打蜡保养。

（2）窗

1）先使用吸尘器清洁窗框和窗台。

2）再使用玻璃清洁剂和合适的擦拭工具（擦窗器、抹布、废旧报纸等）清洁窗玻璃。

3）将玻璃清洁剂在距窗玻璃 20 厘米处均匀喷射，然后用擦窗器从上到下依次擦拭；也可将几张废旧报纸揉成团，用少量水浸湿后擦去玻璃上的尘土和污渍，再用干的废纸团或干抹布擦拭。

2. 窗帘

室内窗帘是墙立面的软装饰，起到遮光和美化居室的作用。

窗帘清洗前要阅读窗帘标签说明。普通布料水洗后自然晾干，易缩水的面料应干洗。平时可经常用吸尘器贴近窗帘吸去其表面的灰尘。

3. 插座及开关

插座及开关是居室内经常被触碰的装置，需要经常擦拭，保持清洁。

● 提高

1. 墙立面的保洁应根据材质正确选用清洁用品和工具。

2. 保洁时，要从上至下、从左至右向一定方向擦拭。

3. 慎用清洁剂，在清洁墙纸、护墙板时，应先局部试用再扩展到全部。

4. 瓷砖、大理石、玻化石墙面禁用钢丝绒、百洁布等坚硬、粗糙的工具清洁，以免破坏墙体材料表面的保护层。

5. 重视自我安全防护。擦窗时，尽量使用可伸缩的擦窗工具，避免攀高爬低，严禁站立在窗台上擦拭玻璃，必须攀高时，要采取有效的安全防护措施。

项目2　家居地面的清洁与保养

● 场景介绍

　　李兰运用课堂上所学的墙纸清洁方法，对自己家中的墙面进行了清洁及保养。墙面的焕然一新让李兰非常满意，与家人分享着学以致用的喜悦。通过这次尝试，李兰对于处理这方面的清洁工作信心倍增。

　　兴致高昂的李兰开始自己研究不同居室环境的地面材质，为下一阶段课程做好充足的准备。

技能列表

序号	技　　能	重要性
1	能够对不同材质的地面进行辨识	★★★
2	初步掌握各种材质地面的清洁技能	★★★★

● 准备

　　能够根据不同材质的地面进行辨识并正确使用清洁方式，需要了解居室不同部位铺设的地面材质的特点、使用的清洁工具及相关注意事项等。

一、地毯

　　居室不同部位常铺设不同材质的地毯，如门厅铺混纺、化纤、草编的防尘踏脚毯，卫浴室铺耐用的由塑料、橡胶制成的防滑毯，客厅、卧室铺精致高雅的丝织、羊毛艺术毯。

　　各种材质的地毯对灰尘的吸附能力都很强，必须每天用吸尘器吸尘。不仅要吸净地毯表面的浮灰，避免大量污垢渗入地毯纤维，还要经常将地毯翻转，清除其背面的积尘。清理完毕，要将挪动过的地毯放回原处。

地毯如果被污染，要根据地毯的不同材质采取相应的保洁方法。

1. 丝织地毯、羊毛地毯和混纺地毯一般不可水洗，注意事项如下：

（1）如不慎沾染污渍，要尽快选用合适的地毯清洁剂进行局部清洁。

（2）地毯清洁剂使用前，必须先在地毯不显眼处试用，看是否影响地毯的色泽，如产生褪色现象，应改用其他方法去除污渍。

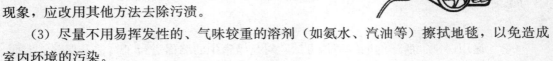

（3）尽量不用易挥发性的、气味较重的溶剂（如氨水、汽油等）擦拭地毯，以免造成室内环境的污染。

2. 化纤、塑料、草编地毯可以水洗，注意事项如下：

（1）用温水泡肥皂粉或洗洁精，然后用刷子蘸洗涤液刷洗地毯，再用清水将地毯漂洗干净。

（2）将地毯放在通风处放平，晾干。不能直接将其放在阳光下晒干，以免引起地毯变形、褪色。

3. 为延长地毯的使用寿命，地毯铺用一段时间后应调换位置，使其磨损均匀。如果出现凹凸不平现象，可轻轻拍打，或用蒸汽熨斗将其熨平。

4. 地毯特别脏或使用了较长时间后，可请专门的洗涤公司清洗。

二、地板

1. 木地板

木地板是现代家居中地面装饰使用最多的材料。有的用板材铺设后涂漆；大多家庭选用经过喷漆加工的漆板直接铺设；高档装修的家居则选用柚木、花梨木铺设，不涂漆，直接上地板油或打蜡后使用。

（1）不同木地板的保洁方法

1）打蜡地板。表面不涂漆的打蜡地板每天可用软扫帚清扫，也可用布拖把或蜡拖把顺着地板的纹路拖扫，每隔一段时间要上地板油或打地板蜡，使地板保持光亮，延长使用寿命。打蜡的基本原则是"勤、少、薄"，上地板油或打地板蜡时要注意以下几点：

①在上地板油或打蜡前，地板一定要擦干净。一般用湿拖把拖擦，特别脏的地方可用地板清洁剂、去蜡水按照顺序擦除污迹；也可用温水冲洗洁精，用抹布蘸着擦洗，然后用洗净的拖把或抹布把地板擦干，再充分晾干。

②打蜡时，先用软布将蜡均匀地涂于地板表面，稍待一会儿，让地板把蜡"吃透"，再用蜡刷或钢丝绒放在蜡拖把下，顺着地板的纹路来回刷，直至刷匀，并清扫拖刷出的垃圾。最后用蜡拖把来回拖动，打光地板表面，如有条件也可用打蜡机帮助打蜡。

③上地板油时，用洁净的干布蘸上地板油擦拭，即可使地板表面光亮鉴人。

2）漆木地板。漆木地板平时可用软扫帚清扫，也可用吸尘器清洁。如有污迹，可用半干的抹布或拖把擦拭，注意抹布不能太湿，以防止地板受潮变形。不要用汽油、苯、香蕉水之类的有机溶剂擦拭，以免损伤地板表面的油漆。

（2）木地板保洁注意事项

1）根据地面不同材质，采用吸、扫、拖、擦、洗等不同保洁方法。

2）勤清洁，重保养。地面要每日清洁，污染后要及时、反复清洁直至干净。

3）平时做好地面防划痕、防灼伤、防变形、防褪色、防磨损等保养工作，使地面保持长久的清洁美观。

4）如要打蜡或上地板油，先要用拧干的湿抹布将污迹擦净，晾干，然后用干净的软布打光表面。

5）要注意避免阳光直晒，以防止过度干燥，油漆爆裂。

6）使用时要注意防潮、防火，避免用尖硬物划、砸木地板，避免高温物体（如烟头、热锅等）直接接触，以免损坏地板表面的油漆。

7）擦拭家具、用具时轻拿轻放，避免因磕碰而造成漆面受损，影响美观。

8）搬动高大、笨重的家具时应特别小心，可先在地板上铺上绒毯，再将家具移动到位，防止直接碰撞、摩擦地板，以免损伤漆面或边角。

2. 复合地板

复合地板由天然纤维复合而成，其表面经过特殊处理。仿木纹的复合地板既美观又耐磨，越来越被人们所接受，可直接使用，也可打蜡或上油后使用。复合地板表面经特殊处理，能耐高温、耐酸碱，也比较耐磨，不易损坏。复合地板保洁的要求与漆木地板相似。

三、其他材质地面

大理石、玻化石、地砖地面装饰效果好，坚固耐用，防火、防潮，容易清洁。这类石材地面经抛光处理，美观而有光泽，耐久性和耐磨性都比较好，容易清洁，但是吸水性差。

1. 大理石、玻化石、地砖地面平时用软扫帚清扫，脏了可用拧干的湿拖把拖净。

2. 地面如有水渍要马上擦干，以防不小心滑倒。

3. 如有污垢或油污，可先用地砖清洁剂或洗洁精等清洁，再用湿拖把拖净。

4. 大理石、玻化石石材内部含有许多毛细孔，要避免油料、染料或一些液体污染地面，一旦污染，会被石材吸收而形成斑点和污迹，很难清洗。

5. 大理石、玻化石、地砖也可打蜡后使用，打蜡方法与木地板相似。

● 操作

任务　漆木地板保洁

操作准备

工具准备：干、湿抹布若干，吸尘器，软扫帚，簸箕。

物品准备：各种清洁剂、地板蜡、地板油。

步骤 1　开窗

开窗通风。

步骤 2　选择清洁剂和清洁工具

根据地板材质正确选择干、湿抹布，吸尘器，软扫帚，簸箕。

步骤 3　清扫地面

用软扫帚清扫地面，将垃圾扫入簸箕时不能扬尘。

步骤 4　清洁墙边贴脚边槽

选择缝吸嘴安装在吸尘器的吸管处，清洁墙边贴脚边槽，确保四角、四边无漏项。

步骤 5　擦拭漆木地板

先用拧干的湿抹布擦拭漆木地板，再用干抹布擦拭一遍。

步骤 6　物品归位

清洁时移动过的地毯及其他家具整理归位，注意轻拿轻放；收拾好清洁工具，放到原存放处；清洁抹布，挂放到指定晾晒处。

项目3　家具的清洁保养

● 场景介绍

　　今天，李兰接到了张女士的电话，原来是张女士购置的新房要装修了，需要添置家具，特意邀请李兰一同挑选品质好且方便保养的家具。

　　商场内陈列着各式风格、各式材质的家具，看得李兰眼花缭乱。通过之前对于物品材质及清洁保养的学习，李兰向张女士提出了一些非常有用的建议。

技能列表

序号	技　　能	重要性
1	能熟悉家具表面不同材料的基本特性	★★★
2	能够掌握正确的家具清洁及保养方法	★★★★

● 准备

　　要能根据家具表面不同材料的基本特性采用正确的清洁及保养方法，需要了解不同材质家具的特征、使用的清洁用品及清洁方式、保养方法等。

一、家具

　　现代家居中，家具既具有实用性，又具有观赏性，不仅能满足个人和家庭的生活实际需要，还起到美化家居的作用。

　　家具保洁一般应使用棉纱、软布轻擦，要根据家具表面的不同材料使用合适的清洁方法，否则会损坏家具表面。

1. 红木家具

　　红木家具高贵典雅，通常雕刻有各种花纹，表面用生漆揩擦而成，具有独特的耐腐蚀、抗霉蛀、耐高温、耐水等优良性能，但易积灰尘。红木家具可用干布、湿布擦拭保洁，家具的雕花装饰部分要经常用软毛刷、细布条或微型吸尘器清洁。红木家具的保洁应注意以下事项：

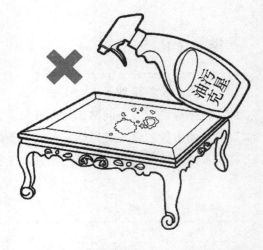

（1）表面不能接触有机溶剂，如汽油、香蕉水等。

（2）表面不能用现代清洁用品（如油污克星、碧丽珠等）清洁及保养。

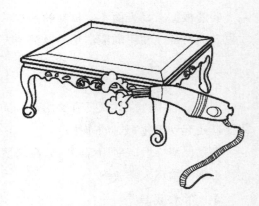

（3）沾上污垢后不能用金属等利器刮削。

（4）对雕花部分小缝隙里的积灰，可用充电式微型吸尘器帮助清洁。

2. 聚氨酯漆类家具

聚氨酯漆类家具豪华富丽，表面具有较好的耐高温、耐腐蚀的特点，但耐水性、耐磨性较差，平时要用柔软的干布擦拭保洁，还要定期打家具上光蜡保养。

聚氨酯漆类家具打蜡及保养要求如下：

（1）用干净软布擦净家具表面，将上光蜡均匀地涂抹在家具表面。

（2）用棉纱或柔软布料使劲擦去漆膜上的上光蜡，使漆膜上的雾层消除，呈现镜子般的光泽。

（3）注意：打过蜡的家具表面不能用湿布擦拭，以免擦去表面蜡层，影响家具的光亮度。

3. 金属类家具

金属家具美观大方，配上装饰性玻璃后十分漂亮。但金属家具怕潮，表面易被氧化，平时要经常用柔软的干布擦拭保洁。

金属家具保洁须知：

（1）不能用湿布擦拭，更不能水洗。如有污垢，可选用金属清洁剂清洁，再用上光蜡等涂抹，上蜡要求与聚氨酯漆类家具打蜡及保养要求相同。也可选用金属光亮剂等擦拭，使家具表面光亮如新。

（2）不能放在厨房燃气灶附近，避免接触酸、碱等腐蚀性液体。

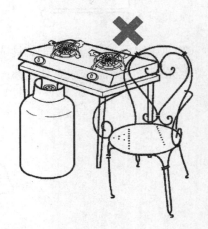

（3）要放置在干燥处，如果表面有水迹，要及时擦干。

（4）如有锈斑，可用软布擦拭。不要用砂布等硬物摩擦，更不要用刀刮削。用软布擦拭时可以加些醋，随后再用干净抹布擦拭，可帮助快速去除锈斑。

4. 藤制家具（藤艺沙发）

藤制家具朴实、耐用，但网眼里很容易聚积灰尘。

（1）应经常使用软刷子清扫及保洁。如有污渍，可将洗涤剂溶入温水，用软毛刷蘸着刷洗，再用清水刷洗干净后用布擦干。

（2）藤制家具表面也可涂上一层蜡，既增加光洁度，又可起保护作用。上蜡要求同聚氨酯漆类家具打蜡及保养要求。

5. 聚塑家具

聚塑家具结构轻巧，色泽鲜艳，易于清洁，通常放置于儿童生活用房。聚塑家具可用水冲洗，也可用湿布擦拭保洁。

（1）对于使用 ABS 塑料制成的家具，不宜用杂酚皂液清洗及消毒。因为杂酚皂液会使 ABS 塑料表面软化发黏。

（2）不宜使用含甲醇的工业酒精擦拭，因为工业酒精能加速其老化。

（3）不能在阳光下暴晒，以防止加快老化、脆裂。

二、沙发

现代家居中使用的沙发由各种面料制成，有皮革面、绒面和布艺等。

1. 皮革面沙发

皮制的沙发气派、耐用，但在长期使用后，往往因为灰尘堆积而渐渐失去光泽。

2. 绒面沙发

绒面沙发饱满美观，厚实耐用，但容易积灰。

3. 布艺沙发

布艺沙发柔软透气，花色繁多，但清洗后易缩水变形。对于易缩水的布面沙发套，要送专门清洗店干洗。

● **操作**

任务　沙发保洁

操作准备

工具准备：干、湿抹布，毛巾，吸尘器，软毛刷，电熨斗以及各种清洁剂。

自身准备：仪容整洁，头发应扎紧，不留长指甲，不涂指甲油，不戴装饰物，服装、鞋袜整洁、完好。

环境准备：绒面沙发、布艺沙发、藤艺沙发和皮革面沙发。

步骤 1　选择清洁工具和清洁剂

根据沙发材质正确选择清洁工具和清洁剂。

步骤 2　清洁各种材质的沙发

1. 绒面沙发

用微型吸尘器清洁，也可用潮湿的毛巾铺在沙发上轻轻敲打，或将湿毛巾铺在绒面上，用熨斗熨，然后清洗毛巾，反复几次，吸去沙发绒面上的灰尘。

2. 布艺沙发

用柔软干布擦拭，定期更换沙发套，并按面料洗涤要求正确清洗，对于易缩水的布面沙发套，要送专门清洗店干洗。

3. 藤艺沙发

使用软刷子清扫。如有污渍，可将洗涤剂溶入温水，用软毛刷蘸着刷洗，再用清水刷洗干净后用布擦干。藤制沙发表面在清洁、晾干后也可涂上一层蜡，既光洁又美观。

4. 皮革面沙发

用柔软的干布擦拭，如沾染污迹，可先用干布蘸少许皮革清洁剂涂于表面污迹处，污迹去除后，再用潮湿的软布擦拭。

步骤 3　物品整理归位

将使用过的工具、清洁剂整理归位。

● **提高**

皮革面沙发也可用香蕉皮的内侧擦拭。香蕉皮内侧含有单宁酸，用它来擦拭皮革制品功效显著。皮革制品用香蕉皮内侧擦拭后，再用干布擦一遍，就能恢复原有的光泽。

第 3 节　各居室的保洁

张女士即将搬进新居。

某日，在李兰完成了一天的保洁工作后，张女士找到李兰，希望她可以帮忙整理新的居室，李兰欣然答应了。

于是李兰开始高度关注家政服务员重点工作之一的居室整理保洁，希望可以通过前一阶段对雇主张女士生活习惯的了解，在新居室的整理保洁工作中使张女士称心满意。

项目 1　卧室的保洁

● 场景介绍

今天是休息日，阳光明媚，李兰心情愉快地收拾着自己的小屋，先从卧室开始，又是铺被，又是扫地，不一会儿卧室的物品摆放就井井有条，家具和地面在阳光的照射下显得格外亮堂。

下周就有居室保洁的课程了，会教点什么呢？

技能列表

序号	技　能	重要性
1	了解卧室清洁工作的重点	★★★
2	掌握卧室整体及各个区域的整理、清洁工作的技能	★★★★

● 准备

能够根据卧室的用途正确划分功能区域，并掌握卧室清洁工作的要点，正确使用清洁工具及整理方法。

现代大都市居民的卧室一般有主卧室、次卧室，有的还有专门接待客人的客房。主卧室是居室中最具私密性的场所，应有较强的安定感和隐私感，以满足休息和睡眠等活动的需要。现代的主卧室还要满足休闲、阅读、视听、梳妆、更衣等需要。因此，在一般的状态下，主卧室可划分为睡眠休闲区、梳妆区和衣被储藏区等。

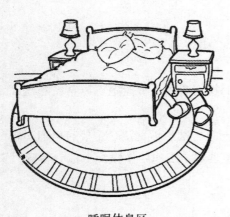

睡眠休息区

衣被储藏区

次卧室常作为子女用房，是一个供子女成长活动的多功能区域，随着子女的年龄增长而有不同的功能与要求。因此，卧室必须保证安全、阳光充足、空气新鲜，具有适宜的室内温度、湿度以及良好的视听氛围和活动空间，有助于儿童的发育成长。

儿童房

子女入学以后，次卧室要专门设置良好的学习区，使卧室具有学习和休闲的双重功能。次卧室一般划分为睡眠区、学习游戏区、衣被储藏区。

客房一般比较简单，有不少家庭平时兼用做书房，卧具则根据来客情况放置。

学习区

一、睡眠区整理与保洁

卧室的整理工作必须待主人起床离开后进行。家政服务员协助卧室整理前，务必了解雇主对卧室的整理要求。

床是卧室的中心，需要每天整理和清洁。床两边有床头柜、台灯，床对面一般有低柜，用于放置电视机、音响设备等。床上一般都铺有床罩，床罩的尺寸和厚薄有所不同。枕头有的放在床罩上面，有的则放在床罩下面。主卧房的床前还可铺有地毯。

1. 铺床分为西式和中式铺法，卧具摆放应尊重雇主习惯，符合雇主的喜好。

2. 要注意保洁顺序，清洁床架要从床头到床尾擦拭保洁，在擦拭床头板时注意抹布不要污染墙面。

3. 电视机、音响设备、灯具保洁时要注意安全，清洁前要关闭电源或拔下插头。

二、梳妆区整理与保洁

梳妆区有梳妆台、凳、各类化妆和装饰品。梳妆台大多配有大镜面和照明系统，保洁时要用柔软的干抹布擦拭化妆镜面、镜灯和梳妆台表面，做到镜明几亮。梳妆台背面及台底要经常用吸尘器清洁。

1. 凡擦拭、移动过的化妆品和装饰品，都要根据雇主的习惯放回原来的位置。

2. 整理时发现首饰未放入首饰盒内，要及时提醒雇主。如雇主不在，应将首饰放在原位。

3. 贵重物品要轻拿轻放，轻抹轻擦。

三、衣被储藏区整理与保洁

衣被储藏区一般都配置大衣柜、抽屉柜，也有的设储藏室，分隔为挂衣区与被褥存放区。由于经常翻取、挂放衣被，容易凌乱，也容易积存灰尘。

1. 储藏室等密闭环境要保持干燥、清洁，物件存放有序，取用方便。

2. 根据季节轮换，适时整理、储藏衣被，添放防霉蛀用品。

3. 橱、柜表面每天要用柔软的干毛巾擦拭，储藏室、橱柜顶部、背面及橱底下，要经常用吸尘器清洁。

四、学习游戏区整理与保洁

学习游戏区一般在孩子们使用的次卧室，有孩子们常用的学习用品和各种玩具，每天都要整理和清洁。

1. 婴幼儿游戏用的玩具要定期清洗、消毒，保持玩具清洁、卫生。

2. 引导卧室的小主人一起参与整理，培养孩子爱整洁、爱劳动、做自己力所能及的事、不依赖他人的良好品格和习惯。

● 操作

任务1　卧室换铺床单

操作准备

物品准备：干净床单1条、洗涤盆1个。

自身准备：仪容整洁，头发不披肩，不留长指甲，不涂指甲油，不戴装饰物，服装、鞋袜干净整齐。

环境准备：床、枕头1对、被子1条、床罩1个。

步骤1　开窗

开窗通风。

步骤2　撤床单

挪开床上原有被褥，至干净处放置，取下原有床单时不抖撒不扬尘，搁至洗涤盆内不乱扔。

步骤3　铺床单

正面向上，中线居中，向两边展开，两边下垂部分垂直对称，床面平整挺括。

步骤4　叠被褥

被面向上，中线居中，整体平整、有型、美观。

步骤5 铺床罩

床尾定位，两角到位、挺括，三边下垂部分相等。床罩盖住枕头，多余部分塞入枕底。二枕层次清晰、均匀、饱满，不露枕套和床单，床面挺括、平整、美观。

任务2 卧室家具保洁

操作准备

物品准备：干、湿抹布若干，吸尘器，垃圾袋。

环境准备：床、床边柜、灯、低柜、电视机、梳妆台、化妆品、垃圾若干。

步骤1 开窗

开窗通风。

步骤2 清理台、柜上的垃圾

按照从上到下、由内到外的顺序依次清理梳妆台、床边柜上的垃圾，放入垃圾袋。

步骤3 擦拭镜灯、镜面

用柔软的干抹布擦拭化妆镜灯、镜面。

步骤4 擦拭台面、柜面

用干抹布擦拭梳妆台、床边柜等家具表面。规范擦拭，不抖撒，不扬尘，边擦边检查，做到镜明几亮。

步骤5 用吸尘器吸尘

使用吸尘器清洁手不能及的家具死角、背面。

步骤6 物品归位

床边柜、梳妆台上移动过的化妆品和饰品要根据雇主的习惯放回原位。收拾清洁工具，归放到原存放处。

步骤7 关窗，整理窗帘

关窗，将窗帘整理到位，做到对称、不凌乱。

任务3 卧室地面、地毯保洁

操作准备

物品准备：床、床边柜、地毯、吸尘器、软扫帚、簸箕。

步骤1 开窗

开窗通风。

步骤2 清扫地面

清扫地面，垃圾扫入簸箕时不扬尘。

步骤3　安装吸尘器

正确选择吸嘴安装吸尘器于吸管处。

步骤4　清洁地毯

清洁地毯正、反面和床底下等地面死角，做到四角四边无毛发、无漏项。

步骤5　物品归位

清洁时移动过的地毯及其他物品整理归位。收拾清洁工具，归放到原存放处。

步骤6　关窗，整理窗帘

关窗，将窗帘整理到位，做到对称、不凌乱。

● 提高

1. 要按雇主习惯整理床铺，换洗床单、枕套、被套、床罩等，有的雇主家洗过的床上用品需熨烫后使用，均要按要求熨平后再铺上。

2. 地毯、床垫及床底下容易积尘，每天要用吸尘器清洁。

项目2　起居室的保洁

● 场景介绍

通过对卧室的整理、保洁相关知识的学习，李兰觉得所学到的方式方法非常实用，大大提高了工作效率。

根据课程安排，还有两个项目需要学习，李兰心想："我很快就可以成为一名合格的家政服务员了。"

技能列表

序号	技　能	重要性
1	了解起居室内各区域整理、保洁的基本知识	★★★
2	掌握起居室内各区域整理、保洁的相关技能	★★★★

● 准备

能够根据起居室的功能划分功能区域，了解各区域的整理、保洁的基本知识并掌握相关整理、保洁的方式方法。

一、门厅的整理与保洁

门厅是人们进出居室的一个活动频繁的区域，一般不大。作为家庭居室的入口，门厅是居室空间与户外空间的过渡空间，是居家的门面。主人会根据自己的兴趣爱好精心装饰布置，有些有艺术台阶，有些有欧式廊柱，有些挂一些绘画、书法作品等。门厅进门处常铺踏脚毯，设衣帽架和鞋柜，还可设一个可挂放外套、替换鞋子、放置包袋用具的壁橱。

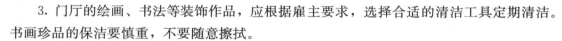

1. 雇主家人或客人进出时，要及时协助整理好衣帽架、鞋柜和壁橱，做到整洁有序。

2. 门厅的地毯、地面要经常用吸尘器清洁，门、门框、廊柱、艺术台阶、衣帽架、墙面、灯具、鞋柜等每天要用干净抹布依次擦拭，随时保持清洁。

3. 门厅的绘画、书法等装饰作品，应根据雇主要求，选择合适的清洁工具定期清洁。书画珍品的保洁要慎重，不要随意擦拭。

二、餐厅的整理与保洁

餐厅是家人用餐和招待亲朋好友的地方，一般配有餐桌椅、餐具柜、酒柜等。餐厅的地面有的铺大理石、玻化石、地砖，也有的铺木地板、地毯。

1. 用餐前，要用干净的抹布擦拭桌面，按雇主习惯摆放好餐具。

2. 用餐后收拾完餐具，先用洗洁精擦拭餐桌，再用清水将抹布搓洗干净后擦拭。

3. 擦拭餐桌的抹布要专用，用完后要搓洗干净，单独晾挂，以免交叉感染。

4. 用餐时被不小心洒落的饭菜、汤水沾污的地面应及时清扫、擦拭。

5. 餐具柜、酒柜和餐桌椅要经常用干净抹布擦拭，餐具柜、酒柜和餐桌椅背面、四角要定期用吸尘器清洁积尘。清洁完毕将餐桌椅放置妥当，保持餐厅整洁、美观。

三、客厅的整理与保洁

客厅是家人日常休闲、会客、聚谈、视听和娱乐的场所，一般有沙发、组合柜、电视机、音响系统、家庭影院、立式空调等。有些家庭还有装饰性的壁炉、壁画、艺术挂件以及花卉盆景。客厅中央常铺有艺术地毯，加上柔和的照明，置身其间，能使人身心放松，怡然舒适。

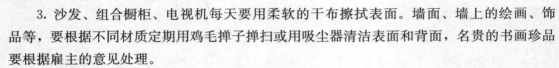

1. 在雇主聚会时，如无配合招待需要，家政服务员要注意避让。

2. 雇主和客人离开后，要及时收拾清洗各种使用过的茶具、杯盘，晾干放进橱柜。

3. 沙发、组合橱柜、电视机每天要用柔软的干布擦拭表面。墙面、墙上的绘画、饰品等，要根据不同材质定期用鸡毛掸子掸扫或用吸尘器清洁表面和背面，名贵的书画珍品要根据雇主的意见处理。

4. 客厅中的艺术地毯要用吸尘器清洁，如不慎沾上果汁、咖啡等要及时除去。

5. 客厅里布置的各种花卉，要根据其不同特点，做好剪、插、换水等养护工作。点缀装饰在客厅里的观赏植物叶片，要定期用湿抹布擦拭叶面。

6. 擦拭客厅阳台玻璃门、窗，不宜攀高，严禁翻越窗台。使用家用折梯时注意稳妥安全，防滑防跌，注意个人防护。

7. 整理前要开门开窗通风。整理过程中挪动过的家具要摆放到原来的位置。整理结束，要关好阳台门窗，拉好窗帘，做到对称、不凌乱，使客厅整体保持温馨、和谐。

● 操作

任务1　起居室玻璃门、窗保洁

操作准备

物品准备：各种清洁剂，干、湿抹布，擦窗工具，水桶，家用折梯。

环境准备：客厅阳台玻璃门、窗。

步骤1　选择清洁剂和清洁工具

选择玻璃清洁剂，擦窗器，水桶，干、湿抹布各1块。

步骤2　擦拭去除门、窗边框污垢、浮灰

用湿抹布擦拭去除门框、窗框及边角污垢、浮灰。

步骤3　喷射玻璃清洁剂

将玻璃清洁剂在距阳台门、窗玻璃20厘米处均匀地喷射在其表面。

步骤4　擦拭门、窗玻璃

用擦窗器或干抹布轻轻擦净玻璃，如果使用家用折梯擦拭高处，要注意稳妥安全，防滑防跌。

步骤5　擦拭门、窗边框水渍

用湿抹布擦净门框、窗框及边角的水渍。

步骤6　收拾清理

工作结束，地面上如有水渍、污渍要及时清理干净，并收拾好使用过的清洁剂和清洁工具。

步骤7　物品归位

因擦窗需要挪动过的家具应摆放到原来的位置。关阳台门、窗，将窗帘整理到位，做到对称、不凌乱。将清洁剂和清洁工具放回原来的存放处。

任务2　餐 厅 保 洁

操作准备

物品准备：干、湿抹布若干，各种清洁剂，吸尘器，扫帚，簸箕。

自身准备：仪容整洁，头发不披肩，不留长指甲，不涂指甲油，洗净双手，不戴装饰物，服装、鞋袜整洁完好。

环境准备：餐桌、餐椅、餐具柜、地毯。

步骤1　开窗

清洁餐厅首先要开窗通风。

步骤2　选择清洁剂和清洁工具

选择洗洁精，餐桌专用干、湿抹布，吸尘器等清洁工具。

步骤3　清洁餐桌餐椅

用洗洁精和餐桌专用湿抹布清洁餐桌，用干抹布清洁餐椅。

步骤4　清洁餐具柜

用干抹布清洁餐具柜表面。选择家具刷安装在吸尘器的吸管处，清洁餐具柜背面，选择缝吸嘴清洁餐厅四边四角，做到无漏项。

步骤5　清洁地面、地毯

用软扫帚清扫地面，垃圾扫入簸箕时不扬尘。选择吸嘴安装在吸尘器的吸管处，清洁地毯正反面。

步骤6 餐桌餐椅归位

餐桌餐椅归位，放置妥当、美观，餐具柜物品摆放有序。

步骤7 物品归位

移动过的地毯和其他物品整理归位，将窗帘整理到位，做到对称、不凌乱。收拾好清洁工具放到原存放处，清洁抹布，分别挂放到指定晾晒处。

项目3　厨房的保洁

🌑 场景介绍

> 　　眼看着用了快 10 年的油烟机的内外壁上牢固地附着厚厚的油垢，李兰下定决心，一定要在完成了厨房区域整理和保洁的知识与技能的学习后，将这油腻腻的区域打理干净。

技能列表

序号	技　　能	重要性
1	掌握厨房各区域整理、保洁的基本知识	★★★
2	掌握厨房各区域整理、保洁的方式方法	★★★★

🌑 准备

能够根据使用特点正确划分厨房的区域，掌握各区域整理、保洁的基本知识及技能。

厨房是膳食烹饪的工作场所，一般划分出清洗区域、配膳区域和烹饪区域。厨房必须卫生、整齐有序、安全，具有良好的照明及通风设施。

现代住宅的厨房大多比较宽敞、明亮，一般都安装抽油烟机、燃气热水器，放置炊餐具的橱柜和烹饪操作台，有的还放置冰箱、饮水机等。

也有不少家庭的厨房和餐厅相通，构成开放式厨房。

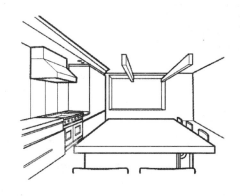

厨房里经常要使用水、电、煤气，它不仅是必备的烹调空间，更直接关系到家庭成员的身体健康。

在日常的烹饪过程中，厨房设施很容易沾上油腻，所使用的资源种类也最多，对于有毒、有害物质的清理也最为迫切，是日常生活中做好环保的重点。

厨房整理、保洁的原则是卫生、安全、整洁。

一、炊、餐、灶具的保洁

1. 炊具

炊具的材料品种很多，有不锈钢锅、不粘锅、铁锅、铝锅、铝合金锅、电炒锅、电饭锅等。不管是做饭还是做菜，炊具每次用完都要及时清洗。

2. 餐具

现代家庭中有各种材料制成的餐具，使用后会沾上油腻和食品残渣。正确使用和清洁餐具，才能让家人吃得更健康。

3. 烹饪操作台

烹饪操作台包括抽油烟机、燃气灶、水斗、水龙头、不同材质的操作台面等，每天使用后要及时清洁，去除油渍、酱渍、水渍等，保持日常烹饪操作台整洁有序。

4. 橱柜

橱柜用于存放炊、餐具及烹饪用品，在厨房的环境中容易沾上油腻和灰尘，每天需要认真清洁。重视做好橱柜清洁卫生工作可以避免洗净的炊、餐具二次污染，也是防蛀、防鼠、防蟑螂的重要环节。

二、厨房常用小家电的保洁

1. 电烤箱

电烤箱的特点是结构简单、清洁卫生。每次使用完后，要及时做好清洁工作。若油烟积攒了很厚再清洁，不仅很难去除，而且也影响烤制效果。

烤箱需完全冷却后再清洁。清洁前，先拔掉电源插头，用柔软湿布和中性清洗剂清洗和擦拭烤架、烤盘和炉门。忌用粗糙、尖锐的钢丝球、百洁布等工具，以免损伤烤盘的不粘涂层。加热管一般不需清洗，若加热管上有油污，可用柔软的湿布擦拭。

2. 消毒碗柜

消毒碗柜是一个具消毒杀菌功能、保持食用餐具卫生的电子碗柜，其消毒方式分臭氧消毒、紫外线消毒和高温消毒三种类型，详见表1—4。

表1—4 消毒碗柜的类型

类型	方 法
臭氧消毒	以高浓度臭氧来消毒，适用于大部分餐具，杀菌能力高，但臭氧可能会残留在餐具上一段时间
紫外线消毒	以紫外线消毒，但因紫外线的穿透性问题，只能用于表面消毒
高温消毒	以120℃以上的高温进行消毒，木质及塑胶餐具不宜放入

有些消毒碗柜可提供多种消毒方式。

消毒碗柜使用后，要用干净的抹布擦拭柜体内壁残存的蒸汽，防锈，防霉变。要定期将柜体下端集水盒中的水倒出，抹净；定期清洁柜内外表面，保持干净卫生。

3. 饮水机

饮水机要定期清洗、消毒，抑制细菌繁殖，避免二次污染。清洗消毒操作程序如下：

拔去电源插头

取下水桶

打开饮水机后面的排污管口
（一般为白色塑料材质的旋钮）

排净余水

打开冷热水开关放水

取下"聪明座"
（就是饮水机内接触泉水桶的部分）

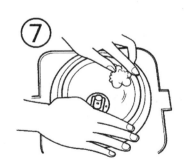

用酒精棉仔细擦洗饮水机内
胆和盖子的内外侧

按照去污泡腾片或消毒剂的说明书配置
消毒水（去污泡腾片和专用消毒剂超市
都有卖，价格也不贵）

倒入饮水机，使消毒水充盈整个腔
体，放置 10～15 分钟

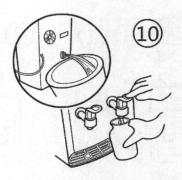

打开饮水机的所有开关，包括
排污管和饮水开关

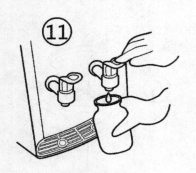

排净消毒液

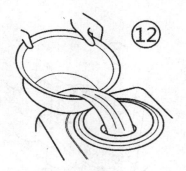

用清水连续冲洗饮水机
整个腔体

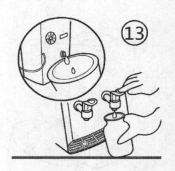

打开所有开关排净冲洗
液体，直至水无异味

● 操作

任务 1　烹饪操作台保洁

操作准备

物品准备：干、湿抹布若干，各种清洁剂，厨房用纸，钢丝绒，百洁布，弯头小刷子等。

自身准备：仪容整洁，头发不披肩，不留长指甲，不涂指甲油，洗净双手，不戴装饰物，围好围裙，戴好帽子，服装、鞋袜整洁完好。

环境准备：燃气灶、抽油烟机、操作台面、水斗、水龙头、小挂钩。

步骤 1　选择清洁剂和清洁工具

根据清洁烹饪操作台不同部位的不同需要，正确选择清洁剂和清洁工具。

步骤 2　清洁抽油烟机

清洁无网罩抽油烟机的操作流程如下所示：

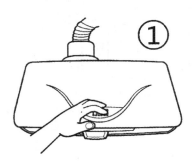

低速开启抽油烟机

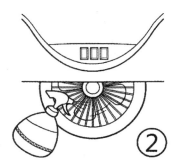

将专用的油污清洁剂对准
叶轮连续喷射

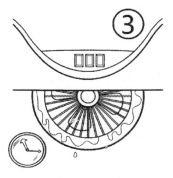

关闭抽油烟机，等待数分钟

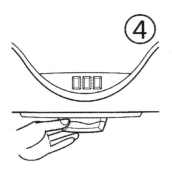

倒去滴油杯中的油污

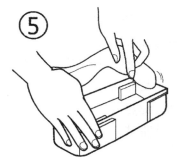

选用干的废旧抹布或厨房
用纸擦净滴油杯

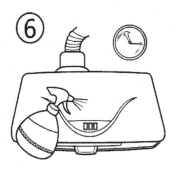

喷适量油污清洁剂于抽油烟
机表面，稍待几分钟

用清洁的干布或厨房
用纸擦净油污

步骤3　清洁燃气灶

平时烹饪结束，应趁热用干布或厨房用纸擦净溅在燃气灶上的油污。对难以擦除的油污，可用油污清洁剂喷湿厨房用纸，覆盖在燃气灶上，包住燃气灶的锅架，等待几分钟后可清洁累积的油渍。

步骤4　清洁操作台面

将少量的油污清洁剂倒在抹布上，擦去台面瓷砖黄斑，再用清洁抹布擦洗（对难以擦除的油渍可喷油污清洁剂，贴上厨房用纸，约过15分钟进行擦拭）。瓷砖缝等较难清洗的地方，用旧牙刷刷洗清洁，再用适量洗洁精擦拭台面及侧边，最后用干净湿抹布反复擦拭台面、侧边残留洗洁精，保持台面及侧边清洁、无油腻。

步骤5　清洁不锈钢水斗

选用洗洁精和柔软的海绵擦拭不锈钢水斗，如图所示（因易受漂白剂等碱性洗涤剂、酸性食品、盐分的腐蚀，禁用钢丝绒、尼龙刷子以及研磨力强的去污粉）。用软布蘸上膏状去污膏或牙膏擦洗顽固的污渍、滤水盖等特别容易积垢的地方，再用水清洗干净。水斗周围不易洗刷的小角落，可用废旧牙刷刷洗干净。

步骤6 清洁水龙头

用细软抹布蘸上液体去污膏或牙膏，清洁龙头表面，然后用清水洗净表面，再用干抹布擦干，忌用百洁布等粗糙的工具和去污粉、酸碱性的洗洁剂。拧下水嘴滤网，清除杂质，小心装上，保证水流通畅。

步骤7 整理归位

1. 凡移动过的炊具、刀具、砧板、调味罐等，要及时清洁、晾干，放回到固定的位置，摆放美观有序。

2. 洗净抹布、刷子等清洁工具并分别挂放归位。

3. 收拾整理使用过的清洁剂，放回到儿童不能拿到的原存放处。

任务2 锅、餐具保洁

操作准备

物品准备：干、湿抹布若干，各种清洁剂，厨房用纸，刷子，钢丝绒，百洁布等。

自身准备：仪容整洁，头发不披肩，不留长指甲，不涂指甲油，洗净双手，不戴装饰物，围好围裙，戴好帽子，服装、鞋袜整洁完好。

环境准备：厨房橱柜，不粘锅、不锈钢锅、铁锅、铝锅、铝合金锅，陶瓷、不锈钢餐具，水斗、水龙头。

步骤 1　清洁餐具

用热水洗涤清洁陶瓷、不锈钢餐具，如有荤腥油腻，可在洗碗布上滴少许洗洁精，逐个擦洗，然后用清水冲洗，擦干。洗涤顺序：先洗小件餐具再洗大件餐具，先洗不带油的餐具，然后洗带油的餐具，边洗边按顺序摆放在餐具架上晾干。不锈钢餐具要用软布清洗，洗后要擦干不留水迹。

步骤 2　清洁锅具

用刷子刷洗铁锅，洗净后用干净的布擦干，避免生锈。

用软布清洗不粘锅、铝锅、铝合金锅、不锈钢炊具，洗后擦干，不得留有水迹，放在通风干燥处，不使炊具受潮。

步骤 3　整理归位

1. 将晾干的炊、餐具放入橱柜，存放有序，方便使用。
2. 洗净抹布、刷子等清洁工具并分别挂放归位。
3. 收拾整理使用过的清洁剂，放回到儿童不能拿到的原存放处。

● 提高

抽油烟机的清洗

抽油烟机是厨具中最难清洁的用具，每次烹饪结束时，应将油污清洁剂喷射在软布上，清洁抽油烟机外壳，及时去除油污。

1. 无网罩抽油烟机选用可喷射的油污清洁剂清洁

（1）对于半年以上未清洗的重油污，先低速开启抽油烟机，将专用的油污清洁剂对准叶轮，连续喷射数十次（25～50毫升），每天清洗一次，连续清洗 5～7 天。

（2）对于半年以内未清洗的轻油污，要连续喷射数十次（25～50毫升），每周清洗1～2 次。

（3）喷射后立即关闭抽油烟机，20 分钟后，深褐色的油垢就会自动流入油杯，倒去油杯中的油污即可。

2. 清洁网罩式抽油烟机

先低速开启抽油烟机，将专用的油污清洁剂对准网罩四周连续喷射，也可除去网罩，直接喷射到叶轮上。其他操作要求同上。

3. 清洁滤网式抽油烟机

先在水斗内放清水，以能浸没滤网为宜，倒入油污清洁剂（约 30 毫升）搅匀，取下滤网浸泡1小时以上，取出后用清水冲洗干净即可。

4. 拆卸抽油烟机风扇叶清洗油污

用厨房用纸包裹住抽油烟机的风扇叶及沾上油污的零件，接着往纸上均匀喷上油污清洁剂，静置10分钟后将纸巾撕下，揉成团后擦拭扇叶或零件，也可将抽油烟机内的滤油网、风扇叶，浸泡在稀释的清洁剂中，待油污浮起，以旧牙刷或丝瓜筋等刷洗。注意：风扇叶大都用塑料制成，清洗抽油烟机时要选用不腐蚀塑料风扇叶及零件的清洗剂。

各类餐具简介

1. 陶瓷餐具

陶瓷餐具有釉上彩、釉下彩、釉中彩三种。釉上颜料带有有害金属铅等，长期使用会溶出，引发人体慢性中毒，因此，尽量不要选内壁带彩饰的餐具。新买的陶瓷餐具使用前，要用食醋浸泡2～3小时，以溶出餐具中的有毒物质，再用开水烧煮消毒，并冲洗干净方可使用。彩色陶瓷餐具要避免盛放酸性食品。

2. 不锈钢餐具

不锈钢餐具要用软布清洗，洗后要擦干不留水迹。不能长时间盛放强酸或强碱性食品，以防其中铬、镍等金属元素溶出。切勿使用强碱或强氧化性化学药剂洗涤，若不注意正确使用和保洁，会影响家人的健康。

3. 铝制餐具

研究发现，铝在人体内积累过多，可引起智力下降、记忆力衰退和老年性痴呆，因此，使用铝制餐具时要避免用强碱或强氧化性化学药剂洗涤。

4. 铁制餐具

铁制餐具的安全性好，但不宜与铝制餐具搭配使用。因为两者以食物作为电解液时，彼此会形成一个化学电池，使更多的铝离子进入食物，影响身体健康。

5. 塑料餐具

检测显示，有些塑料餐具彩色图案中的铅等重金属元素释出量超标。因此，应尽量选择没有装饰图案的无色无味的塑料餐具，并不要用杂酚皂液清洗，否则会使表面软化发黏。

厨房的整理原则

1. 重视双手卫生，使用专用抹布

在厨房里工作只要手接触了脏东西，就要马上洗手。洗手的时候，手指、指缝、手腕

都要洗干净。清洗餐具、炊具，擦拭灶台、橱柜的抹布一定要分清，做到分开使用、分开清洗、分开晾晒。刷子、抹布应置于通风处挂放。

2. 忙而不乱，安全第一

烦琐的整理清洁工作要做到忙而有序，安全第一。煤气在点燃的情况下，要在旁边照看，电炊具使用要安全操作，不常用的电器用过之后要马上切断电源，不要用湿抹布擦拭开关面板及电源面板。用洗洁精清洗的餐具和食品一定要用清水冲洗过清，方可使用。

3. 炊、餐具存放整洁有序

炊、餐具洗涤后，可放在餐具架上让其自然晾干。盆、碗等按大小归类后，放入橱柜，摆放要尊重雇主的习惯，不常用的放在橱柜靠里面，常用的放在橱柜靠外面，随手可取，小心摆放，防止磕碰、摔坏。

4. 正确使用清洁剂

在使用油污清洁剂时，乳化后的油污不要用湿布擦拭，要用干抹布或能吸水和油污的厨房用纸擦拭。

消毒清洁剂用于油漆表面时要慎重。如厨房吊橱油漆表面沾染油污，可用水稀释消毒清洁剂，在不显眼处试一下，证明对表面光亮度和颜色无影响，方可使用。然后用干布蘸上稀释液，小心擦拭，以防破坏油漆表面光泽。

各种厨房清洁剂应集中放置在厨房指定位置，远离食品和餐具，远离孩子。

项目4 卫浴盥洗室的保洁

● 场景介绍

由于李兰家在一楼，所以卫浴盥洗室特别潮湿，经常容易滋生点状的黑色污渍，这让李兰非常苦恼，怎样才可以让卫浴盥洗室的空气清新、环境洁净呢？

相信通过下段课程，可以让李兰找到想要的答案。

技能列表

序号	技　能	重要性
1	掌握卫浴盥洗室各区域整理、保洁的基本知识	★★★
2	掌握卫浴盥洗室各区域整理、保洁的方式方法	★★★★

● 准备

能够了解卫浴盥洗室整理保洁的基本知识，掌握各区域整理、保洁的技能。

现代家居中，卫浴盥洗室常分为主卫浴盥洗室和次卫浴盥洗室。主卫浴盥洗室一般配置浴缸、洗脸盆、便器。面积较大的卫浴盥洗室干、湿分离，还配有小件家具、小型化妆台、化妆镜和放置盥洗用品的架子、钩子等。

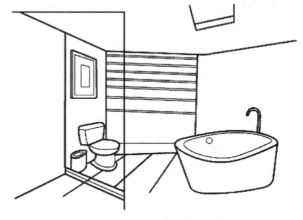

卫浴盥洗室比较潮湿，易产生污浊气味和霉菌，整理清洁要特别注意先后次序，避免造成交叉污染。

首先，要按照从上到下的顺序分别整理、清洁。一般先擦洗四壁瓷砖，然后是脸盆、浴缸、浴帘、淋浴房、便器、防滑踏脚垫等。

其次，盥洗室各部位清洁工具要各司其职。抹布要根据用途分别使用、洗涤、晾晒和放置，切不可混淆使用，避免交叉感染。

再次，台盆、浴缸、浴帘、淋浴房、便器、防滑踏脚垫除日常清洁外，还要做好定期消毒工作。一般家庭选用含氯消毒剂，对各种病原微生物均有较强的杀灭作用，杀菌效果可靠，经济实惠。

最后，要定期使用有伸缩杆的工具擦拭、清洁卫浴盥洗室的顶部。

● 操作

任务1　浴室保洁

操作准备

物品准备：清洁剂、消毒液各1瓶，干、湿抹布若干，橡胶手套1副。

自身准备：仪容整洁，头发不披肩，不留长指甲，不涂指甲油，洗净双手，不戴装饰物，服装、鞋袜整洁完好。

环境准备：浴缸，面盆、清洗池各1个，浴帘、浴垫各1块，沐浴露、洗发液等若干。

步骤1　选择清洁剂和清洁工具

根据清洁浴室不同部位的不同需要，正确选择清洁剂和清洁工具，戴好橡胶手套。

步骤 2　清洁浴室墙面

用浴室清洁剂在距瓷砖墙面 20 厘米处均匀喷射，用海绵或抹布擦匀后，稍待片刻，再用清水冲洗，擦干。

步骤 3　清洁盥洗台

遵循先上后下的顺序，依次清洁盥洗台。

1. 清洁镜面：用无绒毛的干抹布擦拭玻璃。如有污垢，用玻璃清洁剂喷射，用玻璃刮刮去玻璃上的水分，从上而下垂直刮，每刮一下都要用抹布擦一下玻璃刮，也可用干抹布擦净。

2. 清洁台盆、台面：用柔软的海绵清洗。如有难以擦除的顽渍污垢，可用海绵蘸去污膏轻轻画圆擦洗，再用清水冲洗、擦干，也可将抹布喷上浴室清洁剂贴放其表面数分钟，擦洗后用清水冲净、擦干。

3. 清洁台盆水龙头：拧下水嘴滤网，清除杂质，小心装上，保证水流通畅；用细软抹布蘸上液体去污膏或牙膏，清洁龙头表面，然后用清水冲洗，再用干抹布擦干，使龙头光亮、整体洁净、无污渍、无水渍。

步骤 4　清洁浴帘

每次洗浴后都要用清水冲洗浴帘，并用干抹布抹干。如浴帘上有霉斑，用抹布蘸上消毒液擦拭，再用拧干的湿抹布擦拭，放置于通风处晾干。

步骤 5　清洁浴缸

用柔软的抹布清洁浴缸、转角接缝处、排水口。如有污渍水垢和锈斑，用浴室清洁剂在距浴缸污垢 20 厘米处均匀喷射，用海绵或抹布擦匀后，稍待片刻，再用清水冲洗，擦干。清洁浴缸水龙头的要求同清洁台盆水龙头。

步骤 6　清洁防滑垫和地面

用软刷子蘸消毒液刷净污垢，再用清水洗净，放置在通风处晾干。打开地漏盖，先用牙刷蘸清洁剂，将盖板刷洗干净，再刷洗地漏周围，用清水冲洗后，盖上盖板。用抹布擦净地面，做到整体洁净、无污渍、无水渍、无异味、无发丝黏附。

步骤 7　整理归位

1. 盥洗用品整理归位：将清洁时挪动过的盥洗用品，如洗浴液、洗发水、化妆品等，按雇主习惯摆放到原位，方便雇主使用时拿取。

2. 各部位使用的抹布、海绵等清洁工具根据用途分开清洗、分开晾晒，并分别挂放归位。切不可混淆使用，避免交叉感染。

3. 整理使用过的清洁剂，放回到儿童不能拿到的原存放处。

任务 2　淋浴房保洁

操作准备

物品准备：与浴室保洁相同。

环境准备：淋浴房玻璃移门、盥洗台、清洗池各 1 个，浴垫 1 块，沐浴露、洗发液等若干。

步骤 1、2、3 与浴室保洁步骤 1、2、3 相同。

步骤 4　清洁淋浴房

1. 清洁淋浴水龙头（要求同清洁台盆水龙头）。

2. 清洁玻璃移门：将玻璃清洁剂在距玻璃移门表面 20 厘米处均匀喷射，然后用干抹布轻轻擦净玻璃和淋浴房不锈钢把手。

步骤 5　与浴室保洁步骤 6 相同。

步骤 6　与浴室保洁步骤 7 相同。

任务 3　坐便器保洁

操作准备

物品准备：清洁剂、消毒液各 1 瓶，干、湿抹布若干，带柄洁厕刷 1 把，橡胶手套 1 副。

自身准备：仪容整洁，头发不披肩，不留长指甲，不涂指甲油，洗净双手，不戴装饰物，服装、鞋袜整洁完好。

环境准备：坐便器 1 个，污物清洗池（桶）1 个。

步骤 1　选择清洁剂和清洁工具

选择清洁剂、刷子、专用湿抹布等清洁工具，戴好橡胶手套。要根据清洁部位的材质选用相匹配的清洁剂和清洁工具，科学使用，省时省力，提高工作效率。

步骤 2　清洁坐便器

1. 冲掉坐便器污物，将洁厕液瓶喷嘴朝上，对准坐便器边缘，紧握瓶身挤压，将洁厕剂均匀喷射于坐便器四周及内侧暗沟污垢处，静置数分钟后抽水清洗。如遇坐便器长期未清洁，有顽固污垢，可在临睡前喷射洁厕剂，并辅以毛刷轻刷，在第二天一早抽水冲洗。

2. 清洁坐圈和翻盖。用蘸有消毒水的抹布顺序擦拭坐圈的上面和下面，翻盖的里面和外面；再用清洁的专用湿抹布依以上顺序将坐圈和翻盖擦拭干净。

3. 依据先上后下的顺序擦拭坐便器外部和地面，做到整体洁净、无污渍、无水渍、无异味、无发丝黏附。坐便器要经常进行消毒。

步骤 3　整理归位
1. 在污物清洗池（桶）分别清洗抹布、刷子。
2. 整理使用过的洁厕剂，放回到儿童不能拿到的原存放处，清洁工具整理归位。

● 提高

1. 淋浴房的玻璃门易沾上肥皂泡沫和污垢，平时保洁可用干净的干抹布擦拭。若不锈钢把手上的肥皂泡沫或水垢难以擦除，可用抹布蘸上牙膏清洗，也可用抹布蘸醋擦拭，再用清水清洗后擦干。淋浴间的拉门轨道容易滋生细菌，临睡前倒些醋在拉门轨道上，第二天清洗干净即可。

2. 浴室墙面、台盆、浴缸、淋浴房、地面宜用柔软的海绵、抹布清洁，禁用钢丝绒、百洁布、硬毛刷等粗糙的工具擦拭；其表面要慎用清洁剂，忌用去污粉、酸碱性过强的洗洁剂，以防止损坏其表面光泽。

3. 防滑垫容易被污染，产生菌斑，用后应及时用清水冲洗，并放置在通风处晾干。

4. 坐便器表面平日一般用水冲洗干净即可，如内侧有积垢，才需要倒入适量的洁厕剂或甲酚皂溶液（来苏水）、漂白水等专用清洗剂。洁厕剂使用时注意不要与漂白水或其他化学用品混用。若使用盐酸类清洁剂，要注意防止金属附件受腐蚀而发生故障，更要防止损伤人的皮肤。坐便器坐圈和翻盖要每天用专用抹布擦拭，定期消毒。

5. 清洁过程中，家政服务员要注意保护自己的双手和身体，使用清洁剂刷洗洁具要戴上手套。在使用挥发性强、有刺激气味的清洁剂时，还应戴上口罩。如不慎与眼睛接触，要立即用大量清水冲洗，如有不适，要立即就医。

第 4 节　提高环保意识，减少环境污染

引　入

　　张女士非常注重家庭环境及空气质量，自己在小院子里开辟了一片小花园，种植着各式各样的植物，家中也摆放着形形色色的花草，既起到了点缀的效果，也净化了空气。

　　这一点也启发了李兰，要在家政服务工作中结合环保来减少污染。

技能列表

序号	技　能	重要性
1	需提高环保意识，注重节能节水	★★★
2	尽量使用绿色清洁用品	★★★★

● 准备

　　家政专业服务人员一定要有科学的发展理念，提高环保意识，重视节能节水，尽量使用绿色无毒清洁用品，积极想办法寻找安全自然的替代品，以减少对江河湖海的影响。

一、注重节能环保

　　1. 注意居室保洁工作中的节能环保。

把洗脸、洗菜、洗衣的水储存起来，用于拖地、冲洗坐便器等。

2. 尽量少使用塑料袋。

购物用过的塑料袋，用完之后可重复使用，如用于买菜和装垃圾等。

二、使用绿色保洁用品

使用生活中的醋、盐、柠檬汁等自然清洁剂，有效而少污染地清洁环境。

1. 白醋加冷水，可擦玻璃及消毒，用海绵蘸白醋清洗不锈钢台面可以恢复原来的光泽。

2. 食盐吸附力很强，刚刚洒到衣服或地毯上的果汁、茶水等，可以用盐吸出来。粗盐浸泡蔬菜和水果可杀菌去农药。

3. 柠檬汁可去油污及漂白，切开的柠檬放入冰箱，可替代除臭剂。

三、传统保洁小窍门

我国传统的保洁用品和方法有不少。

1. 淘米水、小苏打粉、煮面水可替代化学清洁剂来清洁台面。

2. 用干净的绒布蘸蛋清擦拭真皮表面可除去污渍，恢复皮革光亮。

3. 用牙膏可擦拭厨房用具，如灶台、冰箱和瓷砖等。

4. 用茶叶水可以去油污。

5. 煮沸的牛奶放置于关闭的橱柜内，待牛奶冷却后可除去柜内异味。

6. 用香蕉皮擦拭弄脏的皮沙发或皮包上的污渍，既干净光亮又方便。

四、重视垃圾分类

日常生活中产生的垃圾可分为废纸、塑料、玻璃、金属和布料五大类，通过综合处理，回收利用，可以减少污染，节省资源。

厨房垃圾，例如剩菜剩饭、菜根、菜叶、果皮等食品类废物，可以用堆肥发酵的方法将其处理为有机肥料和饲料。

有害垃圾，如废电池、废日光灯管、废水银温度计，可回收提取锌、铜及稀有金属。过期药品等需要做特殊处理。

其他如砖瓦、陶瓷、渣土等难以回收的废弃物，采用卫生填埋，可减少对地下水、地表水、土壤和空气的污染。

现在不少居民居住区都设有分类垃圾桶，请注意将垃圾分类投放。

五、物品的再利用

养成旧物利用的良好习惯，一些废旧用具丢弃前可先考虑物品的再利用，避免制造太多的垃圾。例如，不能使用的锅、盆、桶可用来做花盆或储存干货；各种类型的瓶、罐、纸盒可用来分装东西，有的还能制作玩具，供儿童游戏玩耍。

在生活中还有许多节能环保的好方法，我们只要落实到生活的方方面面，处处做有心人，时时重视节能环保，就能使人类生活的环境越来越美好，使社会可持续发展进步。

模拟测试题

一、判断题（判断下列各题，正确的打"√"，错误的打"×"）

1. 卧室整理应选择雇主在家时，按先内后外、先上后下顺序进行。　　　　　（　　）

2. 地毯、床垫及床底下容易积尘，每周要用吸尘器清洁。　　　　　（　　）

3. 每天要用柔软的干毛巾擦拭化妆镜面、镜灯和梳妆台表面。　　（　　）

4. 储存区橱柜的顶部、背面和底下，要经常用吸尘器保洁。　　　（　　）

5. 孩子卧室中的学习用品和各种玩具应由家政服务员负责整理。　（　　）

6. 门厅的绘画、书法等装饰作品每天要用干净的抹布擦拭保洁。　（　　）

7. 用餐前要用柔软的干毛巾擦拭桌面。　　　　　　　　　　　　（　　）

8. 雇主和客人离开客厅后，家政服务员要清洗各种使用过的茶具、杯盘，并马上放进橱柜。　　　　　　　　　　　　　　　　　　　　　　　　　　　　（　　）

9. 洗涤餐具一般按照先洗小件再洗大件的顺序进行。　　　　　　（　　）

10. 炊、餐具清洗完应马上放入橱柜以防污染。　　　　　　　　　（　　）

11. 抽油烟机表面喷油污清洁剂后，应先用清洁的湿布擦净油污。　（　　）

12. 每天要用油污清洁剂擦拭橱柜的表面，及时清除烹饪时沾上的油污。（　　）

13. 厨房清理工作结束后，要及时倒掉生活垃圾，洗净垃圾桶并晾干。（　　）

14. 选用洁厕净刷洗洁具时，不要戴上手套，以方便操作。　　　　（　　）

15. 乳胶漆墙面不慎沾染污垢后，应立即用拧干的湿布轻擦，即可去除污渍。　　　　　　　　　　　　　　　　　　　　　　　　　　　　　　　　　　（　　）

16. 丝织地毯、羊毛地毯和混纺地毯一般都不可以用水清洗。　　　（　　）

17. 油漆地板如有污迹，可用汽油、苯、香蕉水之类的有机溶剂擦拭。（　　）

18. 瓷砖、大理石、玻化石墙面上的积垢可用钢丝绒、百洁布等工具清洁。（　　）

19. 儿童生活用房里的聚塑家具应经常放在太阳下晾晒消毒。　　　（　　）

20. 锅洗后有水迹，应让其自行晾干再放入橱柜。　　　　　　　　（　　）

21. 不锈钢锅烧煮前，锅底不能有水渍。　　　　　　　　　　　　（　　）

22. 厨房工作台面每天使用后要用洗洁精或洗涤剂擦净油污。　　　（　　）

23. 不锈钢餐具要用软布清洗后擦干，不要留有水迹。　　　　　　（　　）

24. 清洁洁具时要特别注意使用一块干净的抹布，避免交叉感染。　（　　）

25. 厨房、起居室、卧室、卫浴室清洁使用的抹布要分清，不能混用，也不能放在一个盆里清洗。　　　　　　　　　　　　　　　　　　　　　　　　　　　（　　）

26. 吸尘器在使用中若发现有不正常响声、气味或外壳过热时应立即停止使用，并检查原因。　　　　　　　　　　　　　　　　　　　　　　　　　　　　（　　）

27. 不论何种材质的餐具都可放入洗碗机内清洗。　　　　　　　　（　　）

28. 不耐热的餐具应放在臭氧消毒柜中消毒。　　　　　　　　　　（　　）

29. 用洗洁精清洗的餐具和食品，可立即使用和食用。 （　　）

30. 适量使用各种清洁剂能有效清洁环境，不会污染环境。 （　　）

二、单项选择题（下列每题有 4 个选项，其中只有 1 个是正确的，请将其代号填在括号中）

1. 在整理清洁时需要移动的家具，要轻拿轻放，并记住（　　）。
   A. 擦拭干净　　　　B. 妥善放好　　　　C. 摆放整齐　　　　D. 物归原位

2. 家政服务员整理床铺必须按（　　）要求进行。
   A. 季节特点　　　　B. 整洁美观　　　　C. 雇主习惯　　　　D. 自己习惯

3. 在整理清洁时需要移动的化妆品、装饰品，要根据（　　）放回原处。
   A. 方便需要　　　　B. 美观需要　　　　C. 雇主习惯　　　　D. 自己习惯

4. 储存区橱柜的表面每天要用柔软的（　　）保洁。
   A. 干毛巾　　　　　B. 干抹布　　　　　C. 湿毛巾　　　　　D. 湿抹布

5. 婴幼儿室的玩具，要定期清洗（　　），保持清洁卫生。
   A. 晾晒　　　　　　B. 消毒　　　　　　C. 整理　　　　　　D. 收藏

6. 门厅的地毯、地面每天要用（　　）保洁。
   A. 干毛巾　　　　　B. 干抹布　　　　　C. 吸尘器　　　　　D. 湿抹布

7. 擦拭餐桌的抹布要（　　），用完后要搓洗干净，单独晾挂，以免交叉感染。
   A. 白色　　　　　　B. 彩色　　　　　　C. 干净　　　　　　D. 专用

8. 家政服务员在进行客厅清洁工作时，首先应（　　）。
   A. 清扫地面　　　　B. 擦拭家具　　　　C. 开窗换气　　　　D. 整理摆放

9. 炊、餐具清洗完均要（　　）后放入橱柜。
   A. 马上　　　　　　B. 晾干　　　　　　C. 稍后　　　　　　D. 消毒

10. 不锈钢锅上的污渍可用（　　）蘸去污粉或洗涤剂等擦抹后用清水洗净擦干。
    A. 硬毛刷　　　　　B. 钢丝绒　　　　　C. 百洁布　　　　　D. 软布

11. 不锈钢燃气灶使用后趁热用（　　）擦拭，清洁效果较好。
    A. 湿抹布　　　　　B. 钢丝球　　　　　C. 百洁布　　　　　D. 干抹布

12. 厨房橱柜内的物品要（　　）取出擦拭整理，并放回原位。
    A. 每天　　　　　　B. 隔天　　　　　　C. 每周　　　　　　D. 定期

13. 放置在厨房的家用电器，（　　）要用干净的抹布擦拭，使其表面保持清洁。
    A. 每天　　　　　　B. 每周　　　　　　C. 每月　　　　　　D. 每季度

14. 在使用挥发性强、有刺激性气味的清洁剂时，应戴上（　　）。
    A. 帽子　　　　　　B. 手套　　　　　　C. 围裙　　　　　　D. 口罩

15. 墙纸墙面比较平整、光滑，平时用（　　）轻轻掸扫就可保持清洁。

    A. 湿布   B. 鸡毛掸子   C. 湿毛巾   D. 刷子

16. 化纤、塑料、草编地毯脏了用水洗后要放平（　　）。

    A. 晒干   B. 烘干   C. 晾干   D. 吹干

17. 打蜡地板一般每天用软扫帚或（　　）清洁即可。

    A. 布拖把   B. 清水   C. 湿布   D. 吸尘器

18. 大理石石材内部有许多毛细孔，平时要避免（　　）或一些液体污染地面。

    A. 灰尘   B. 油料、染料   C. 污水   D. 洗洁精

19. 家政服务员不能使用（　　）清洁聚氨酯漆类家具。

    A. 干净抹布   B. 鸡毛掸子   C. 吸尘器   D. 湿抹布

20. 金属家具有锈斑要用软布擦拭，加些（　　）涂抹擦拭，可快速去除锈斑。

    A. 碧丽珠   B. 醋   C. 清洁剂   D. 去污粉

21. 不粘锅、不锈钢炊具使用时，锅底如有食物烧焦黏结，不能用（　　）铲刮。

    A. 抹布   B. 竹器   C. 木器   D. 金属锐器

22. 水斗滤水盖等特别容易积垢的地方可以用（　　）蘸去污粉擦洗。

    A. 钢丝绒   B. 百洁布   C. 软布   D. 硬毛刷

23. 铁制餐具安全性好，但不宜与（　　）搭配使用。

    A. 铝制餐具   B. 陶制餐具   C. 不锈钢制餐具   D. 塑料餐具

24. 家政服务员清洁盥洗室各部位洁具时应特别注意（　　）。

    A. 脸盆的清洁   B. 坐便器的清洁   C. 抹布分开使用   D. 浴缸的清洁

25. 拖把用完要清洗干净，放在（　　）晾干。

    A. 卫生间   B. 角落里   C. 通风处   D. 阳台上

26. 吸尘器连续使用时间一般不超过（　　）分钟。

    A. 120   B. 30   C. 90   D. 60

27. 使用洗碗机清洁餐具，要将餐具整齐地侧身（　　）在洗碗机内的架子上。

    A. 排列   B. 堆放   C. 叠放   D. 平放

28. 远红外消毒柜不适宜对不耐热的（　　）餐具进行消毒。

    A. 陶瓷   B. 塑料   C. 玻璃   D. 不锈钢

29. 清洗抽油烟机，应（　　），将专用的油污清洁剂对准叶轮连续喷射数十次。

    A. 关闭开关   B. 开启低速挡开关

    C. 开启高速挡开关   D. 拔去电源插座

30. 蔬菜和水果用（　　）泡洗，既环保又可杀菌及去农药。

A. 开水   B. 洗洁精   C. 硝酸盐   D. 粗盐

模拟测试题答案

一、判断题

1. ×　2. ×　3. √　4. √　5. ×　6. ×　7. ×　8. ×　9. √　10. ×　11. ×　12. ×
13. √　14. ×　15. √　16. √　17. ×　18. ×　19. ×　20. ×　21. √　22. √　23. √
24. ×　25. √　26. √　27. ×　28. √　29. ×　30. ×

二、单项选择题

1. D　2. C　3. C　4. A　5. B　6. C　7. D　8. C　9. B　10. D　11. D　12. D　13. A
14. D　15. B　16. C　17. A　18. B　19. D　20. B　21. D　22. C　23. A　24. C　25. C
26. B　27. A　28. B　29. B　30. D

第 2 章

衣物洗涤与收藏

第1节　纺织品的洗涤

引　入

　　张女士原来会根据不同的衣物面料将家里的衣物分别送去洗衣店清洗，退休以后，看到市场上琳琅满目的洗涤用品，很想了解关于衣物洗涤和保管的知识。

　　李兰能行吗？她想："通过学习，我会学会的……"

项目1　洗涤操作方法与步骤

● 场景介绍

> 　　李兰了解了衣物面料的性能和鉴别方法，还必须要掌握衣物的洗涤方法和步骤，看到老师放在讲桌上的各种包装的洗涤用品，她很感兴趣。一天工作之余，走进了教室……

技能列表

序号	技　能	重要性
1	了解家庭衣物洗涤有关知识	★★★
2	能够用正确方法洗涤家庭常见衣物	★★★★

● 准备

　　了解衣物洗涤的有关知识，根据不同洗涤剂的特性与用途正确选用洗涤剂及洗涤方法。

一、水洗四要素

　　家庭衣物洗涤大多采用水洗的方法。水洗离不开水、水温、洗涤剂和摩擦四个要素，正确合理地运用四要素，能达到较好的洗涤效果。

1. 水

　　洗涤衣服一般都离不开水，有"落水三分净"的说法。水也是一种载体，它能带着洗涤剂进入纺织纤维内部，促使衣服上的污垢湿润、乳化、溶解，提高洗涤效果。

小贴士

洗衣服用的水水质不能太硬，太硬的水洗衣效果不理想，洗涤剂中含有软化水的原料，洗涤时可改善水质，洗衣时要根据水质的不同，适当调整洗涤剂用量。

2. 水温

洗涤衣服要根据不同的衣料选择适宜的水温。水温偏高会导致衣物褪色和皱缩，水温过低则影响污垢的溶解和洗涤效果。如洗涤工作服、床单，水温要达到80～90℃；洗有色布衣和合成纤维的衣服水温应控制在40℃左右；洗涤绣花衣服的水温控制在室温或微温（30℃）为宜，而丝绸、毛料的洗涤温度应低于25℃。

3. 洗涤剂

洗涤剂具有去污作用，是洗涤衣服的必备要素。洗涤剂能使污垢软化、松动，便于清洗。

4. 摩擦

洗涤衣服无论是机洗还是手洗，都要通过水和洗涤剂对衣服的摩擦来去除衣服上的污垢。手工洗涤时摩擦有5种方法：拎、搓、擦、刷、揎。它们的摩擦力大小是不同的。洗涤时，操作人员可根据不同衣料、不同的污垢性质，采用不同摩擦力的洗涤方法。洗衣机洗涤时摩擦的方法有摔打、振动、衣服与衣服之间的挤压摩擦、衣服与洗涤液（水）之间的摩擦、衣服与洗衣机筒壁之间的摩擦。正确使用摩擦方法，可以最大限度地洗净衣物，保护织物。

二、常用洗涤剂

家庭常用洗涤剂产品的种类很多。有以清洗为主的用品，如肥皂、洗衣粉、液体洗涤剂；有以局部去污、增艳、增白等辅助清洗为主的用品，如衣领净、洁衣漂水、氧漂水等；有以蓬松、柔软等调理为主的用品，主要有各种蓬松剂、柔软剂。

1. 肥皂

肥皂是以脂肪和碱经化学反应制得的，是最常见的传统洗涤用品。肥皂的种类、特性与用途见表 2—1。

表 2—1　　　　　　　　　　　肥皂的种类、特性与用途

种类	特性	用途
普通洗衣皂	碱性大，用温水及软水洗涤效果更好	适用于棉、麻织物洗涤，不适合洗涤丝、毛织物
透明皂	碱性小，含有甘油、椰油成分	适合洗涤合成纤维织物
增白皂	碱性，含有增白及漂白剂的成分，有增白作用	适合洗涤白色及浅色织物
硫黄皂	中性，含有硫黄成分，有药效作用	可以用于内衣的洗涤
消毒药皂	中性，含有消毒成分，有杀菌作用	可以用于内衣的洗涤
香皂	中性，有的含有杀菌成分，气味芳香	主要用于皮肤清洗，也用于服装上的个别污渍处理

2. 洗衣粉

洗衣粉有手洗和机洗两种。手洗洗衣粉中添加了护手成分，使用时不伤皮肤。机洗洗衣粉则趋向于无泡，可以防止泡沫从洗衣机中溢出，便于漂清。随着科技的不断发展，高效、节能、多功能、综合性、环保型的无磷洗衣粉正在逐步取代有磷洗衣粉，在选购使用洗衣粉时，应主动从环保角度考虑，尽量选用无磷洗衣粉，减少环境污染，为子孙后代造福。

洗衣粉的种类、特性与用途见表 2—2。

表 2—2　　　　　　　　　　　洗衣粉的种类、特性与用途

种类	特性	用途
普通合成洗衣粉	碱性大	适合棉、麻织物的洗涤，不宜洗涤丝、毛衣物
加酶洗衣粉	可去除血渍、尿渍、奶渍、汗渍等污渍	适合洗涤内衣等贴身衣服，床单、被套等床上用品以及洗涤有血渍等特殊污渍的衣物
增白洗衣粉	有增白作用	适合洗涤白色织物和部分浅色面料服装，不宜洗涤深色服装
多功能高效合成洗衣粉	去污范围广泛，有护理织物的功能	适合多种污渍的清洗，可用于棉、麻、化纤等多种面料的洗涤，有的能洗涤丝、毛衣物

小贴士

多功能高效合成洗衣粉整合了多种去渍、护理的成分，去污的范围更广泛，还具有保护织物，改善手感等功能。这类洗衣粉大多添加了酶的成分，主要是蛋白酶及各种生物酶，它能分解血渍等蛋白质污渍，可用于特殊污渍的洗涤。酶是一种活性物质，一旦温度过高，就会破坏它的活性，添加酶的洗衣粉洗涤温度不能超过60℃。

3. 液体洗涤剂

液体洗涤剂有中性、弱酸性和弱碱性之分，性格温和，不损伤织物，不含磷，是具有高浓缩超强去污力配方的环保型高档洗涤用品。液体洗涤剂的种类、特性与用途见表2—3。

表2—3　　　　　　　　　　　液体洗涤剂的种类、特性与用途

种类	特性	用途
液体合成洗涤剂	呈弱碱性	洗涤棉、麻、化纤织物
羊毛衫洗涤剂	呈酸性	洗涤羊毛衫及纯毛织物
羊绒衫洗涤剂	呈酸性，有护理织物成分	专用于羊绒织品的洗涤
丝织品洗涤剂	呈中性	洗涤各类丝绸
牛仔服洗涤剂	含护色因子	洗涤牛仔服装
羽绒服洗涤剂	含蓬松成分	洗涤羽绒服装
内衣洗涤剂	不含磷、铝、碱、荧光增白剂，含杀菌去渍成分	专用于内衣的洗涤
床上用品洗涤剂	有除螨、护理织物成分	洗涤床单、被套、枕套等

小贴士

使用液体洗涤剂清洗衣物时只要按比例将洗涤剂溶于清水中，放入待洗的衣服，稍加浸泡后翻动揉洗，特别脏的地方用软毛刷轻轻刷洗，脏污就能被去除。丝绸、毛料服装水温不宜过高，不要用力搓洗，以免损伤变形。

中性和酸性洗涤剂不适合洗涤棉、麻、化纤类面料的衣物，也不能与其他碱性洗涤剂混用，否则会影响洗涤效果。

4. 辅助洗涤用品

辅助洗涤用品品种很多，其种类、特性与用途见表2—4。

表2—4　　　　　　　　　　　辅助洗涤用品的种类、特性与用途

种类	特性	用途
衣领净	能去除汗渍、顽固污垢	用于衣领、袖口及顽固污垢的洗涤
洗洁精	含去油因子，高效去油	主要用于厨房用品的洗涤，也可用于洗涤服装上的油渍

种类	特　性	用　途
氯漂水	属含氯漂白剂	漂洗各种白色织物，不能用于丝、毛织物
消毒液	以次氯酸钠为主要成分的液体消毒液	用于餐具、果品及其他生活用品的消毒，也能用于各种白色织物的漂白、消毒，不能用于丝、毛织物
氧漂水	以双氧水为主要成分的漂水，性格温和	可用于白色和浅色的丝绸、毛料织物、棉麻织物和其他各种化纤织物的增白、增艳

小贴士

辅助洗涤用品品种很多，去脏污的品种有衣领净、衣领膏、喷洁净。一般先在干的衣物上用衣领净、衣领膏或喷洁净喷涂衣领、袖子以及其他污垢处，待数分钟后洗涤。手洗可直接浸入洗衣粉溶液洗涤，机洗则直接放入洗衣机内洗涤。注意：使用衣领净、衣领膏、喷洁净清洗浅米色或本白色衣服时，要先在衣服下摆处试一下，确认不变色方可使用。

去污增白的辅助洗涤用品在去污的同时会使衣物褪色，使用之前一定要看清使用说明，严格按照使用说明的要求去做，控制使用浓度，也可在门襟、下摆贴边、腋窝等服装内侧试用一下，确认不褪色、不伤害衣料方可使用。

白衬衫之类白色衣物要单独洗涤，洗涤时可用带有漂白功能的洗涤剂或洁衣漂水，丝、毛织物不宜使用洁衣漂水。

5. 调理用品

衣物使用日久后，蓬松度、柔软度都会下降。合成纤维使用中会有静电产生，羊毛衣物会失去天然弹性，经常使用洗涤调理用品可使羊毛衣物及毛巾恢复天然弹性，使棉麻织物及混纺纤维衣物减少褶皱，使合成纤维衣物减少静电，起到使衣物柔顺松软，清新芳香的作用。洗涤调理用品有各种品牌的蓬松剂、柔顺剂，使用时只要按产品说明将适量调理剂溶入清水中，搅匀后把漂洗干净的衣物投入，略加翻动，使衣物均匀吸收调理剂，浸泡3～5分钟后，取出衣物，挤掉水分，不需再漂洗，即可晾晒。

注意：切勿将未稀释的柔软剂直接倒在衣物上。

小贴士

丝绸、毛料是耐酸不耐碱的蛋白质纤维物质，洗涤之后会有少量的碱残留在面料上，破坏面料的质地和颜色，采用酸中和的方法进行调理，可达到脱碱、护色的目的。家庭一般使用食用白醋，方法是将1～2匙白醋溶入清水中，搅匀后把漂洗干净的衣物投入，略加翻动，浸泡3～5分钟后，取出衣物，挤掉水分，不再漂洗，直接晾干。如使用丝绸、毛料的专用洗涤剂，不需要用酸中和的方法。

三、国际常用洗涤方法标记

服装上有一块白色的标签，它是生产商标明的有关服装的重要信息，通常包含服装的生产国别、生产商、品牌、地址、所用面料成分、洗涤保养符号等内容，其中面料成分、洗涤保养符号在服装的洗涤保养上是经常需要参考的。洗涤保养标记很多，表2—5所列的是国际上通用的洗涤保养标记。

表 2—5　　　　　　　　　　　国际通用洗涤保养标记

序号	图示	说明	序号	图示	说明
1	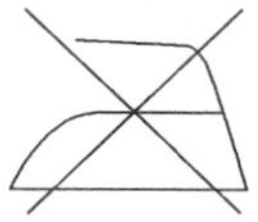	切勿用熨斗	8	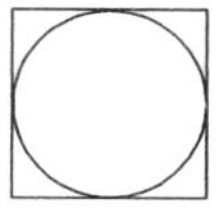	可以放入滚筒式干洗机内处理
2	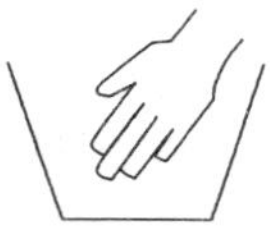	只能手洗，切勿使用洗衣机	9	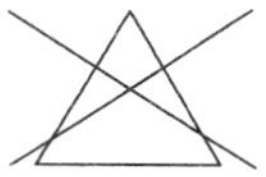	不可使用含氯成分的漂剂
3	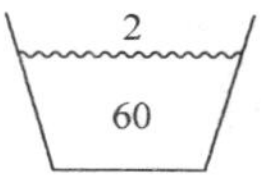	波纹曲线上的数字表示洗衣机应该使用的速度（通常洗衣机可有9种洗衣速度）；波纹曲线以下的数字表示使用水的温度（℃）	10	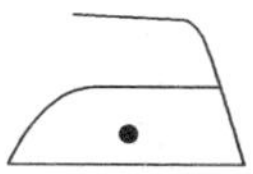	应使用低温熨斗熨烫（约110℃）
4	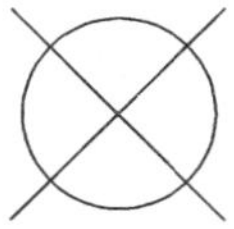	不可干洗	11	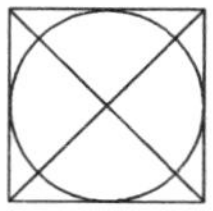	不可使用干洗机
5		可以干洗。圆圈内的字母表示干洗剂的型号。"A"表示所有类型的干洗剂均可	12		可以干洗，"P"表示可以使用多种类型的干洗剂（主要供洗染店参考，避免出差错）
6	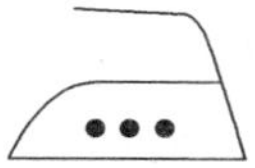	衣服可以熨，熨斗内三点表示熨斗可以十分热（可高达200℃）	13	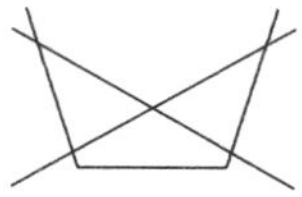	不可水洗
7		衣服可以熨，熨斗内两点表示熨斗可加热到150℃	14		可以使用含氯成分的洗涤剂，但须加倍小心

序号	图示	说明	序号	图示	说明
15	 Ⓕ	可以洗涤,"F"表示可用白色酒精和11号洗衣粉洗涤	16	 Ⓟ	干洗时须加倍小心(诸如不宜在普通的自动化洗衣店洗涤),下边的横线则表示对干洗过的衣服处理须十分小心

● **操作**

任务 衣物洗涤

衣物水洗有准备、洗涤、过水、干燥四个步骤。

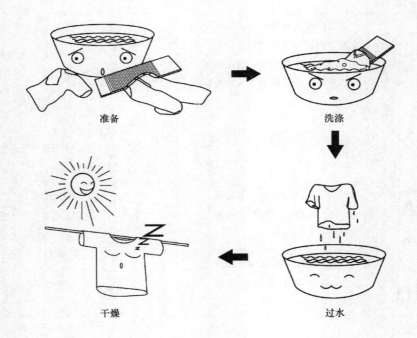

准备　　　　　　　洗涤

干燥　　　　　　　过水

步骤 1 准备

衣物洗涤前的准备工作是洗衣首先要做好的一项重要工作，是洗好衣物的前提。洗衣前如不注意对衣物进行正确的分类，就会导致衣物洗得灰暗、不明亮，出现串色、搭色，手感僵硬等问题，甚至使完好的衣物报废。

1. 分类。衣物洗涤前要根据各类服装不同的洗涤要求进行分类。

（1）根据面料区分水洗与干洗、手洗与机洗。呢绒类西服、大衣等外套品种多样，质地、厚薄、色泽差别大，含有金属丝纤维的面料遇水之后会变得皱巴巴的，也烫不平服，只能采用干洗方法，大部分适宜机器干洗；丝绸类衣物质料娇嫩，色泽牢度差，洗涤液宜用酸性的，温度不宜过高，不能与其他衣料混洗，其他衣物洗涤后的洗涤液也不能再用，大多要用手洗；棉麻类衣物耐热耐碱性强，一般可用机洗；化纤类衣物技术要求各不相同，要仔细阅读衣物上的洗涤标注，选择洗涤温度和操作方法。

（2）按衣物颜色分类。衣物一般可分为白色、浅色、深色三类。白色衣物一般需要新配的洗涤液，温度也可较高，洗涤后的溶液加些新的洗涤液可以洗涤浅色衣物，最后洗涤深色衣物。绝不能将白色、浅色、深色衣物一起洗。

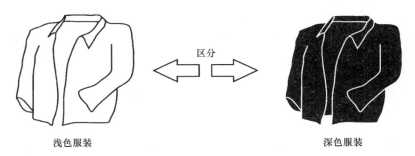

浅色服装　　　　　　　　　　　　　区分　　　　　　　　　　　　　深色服装

（3）区分褪色衣物。对容易褪色的衣物要单独洗，以免串染其他衣物。全棉、真丝的面料大多易褪色。初次洗涤的衣物若不能确定其面料是否会褪色，可用一小块白布蘸上清水或洗涤剂溶液在衣物的贴边等暗处稍用力擦洗，如果沾染上颜色，说明该面料容易褪色，应分开洗涤。

褪色服装

（4）按衣物的干净程度分类。洗涤的衣物脏净程度不一样，要根据衣物的脏净程度分类，先洗不太脏的衣物，后洗较脏的衣物，最后洗很脏的衣物。洗涤液浓度、温度要根据需要适时处理才能提高洗涤质量。特别脏的衣物不要与其他衣物一起洗，否则会使其他衣物特别是浅色衣物洗后色彩显得灰暗，不明亮。

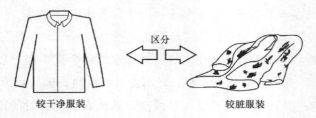

较干净服装　　　　　　　　较脏服装

（5）区分内衣与外衣。内衣贴身穿着，与皮肤直接接触，洗涤要求更高，漂洗次数更多。外衣直接与外界接触，沾污机会更多，不明细菌、病毒都可能沾染上，内衣与外衣不能放在一起洗涤。

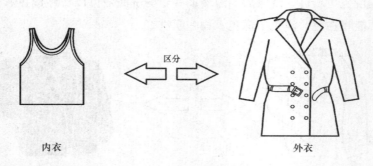

内衣　　　　　　　　　　　　外衣

（6）区分服装面料。丝绸、毛料衣物不耐碱，要用酸性或中性洗涤液洗涤，其他面料的衣物也要根据面料性能选用相应的洗衣粉、洗衣皂、洗涤液洗涤。

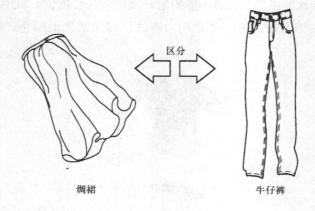

绸裙　　　　　　　　　　　　牛仔裤

（7）区分有特殊脏污的服装。服装穿着过程中沾染上油渍、圆珠笔污渍等脏污是常见的，对油污较多的衣服要针对污渍采用专门方法处理后，再进行常规洗涤。

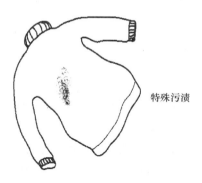

特殊污渍

2. 预处理。预处理是在服装洗涤前对某些部位、某些污渍作单独处理，使服装洗得更干净。一般针对领口、袖口等易沾污的重垢地方，可用衣领净之类的辅助洗涤用品喷涂，或用去渍皂搓洗干净；针对油渍等特殊污渍，应采用相应的有效方法，先行去除。

小贴士

油渍的预处理方法

油渍一般分为荤油渍、蔬油渍和机油（矿物油）渍，荤油渍和机油渍比较容易去除，蔬油渍去除比较困难。

油渍沾染在丝绸面料上最难去除，沾染在棉麻面料上较难去除，沾染在羊毛及其他面料上比较容易去除。

沾染滚烫的油渍极难去除，沾染常温的油渍去除较容易。新沾染上的油渍较易去除，因此，一旦沾上了油渍，要及时处理，以免日久而难以去除。

油渍去除方法：

● 用洗洁精涂抹在未洗的油渍上，蘸上少量清水，用手轻轻搓洗。荤油渍应蘸热水搓洗，在温热的水中清洗之后，再进行常规洗涤。

● 用汽油涂在油渍上，略加搓洗，汽油未干时立即用皂液清洗，再进行常规洗涤。汽油去渍处理不当，会在面料上留下汽油渍，这时可继续用汽油清洗，但要避免留下更大面积的汽油渍。

● 用洗洁精或汽油去渍时，只能轻轻地略加搓洗，避免面料褪色。

步骤2　洗涤

洗涤阶段主要是用洗涤剂溶液对衣物进行清洗，目的是把衣物上的污垢与织物分离，洗涤前一般应分类将衣服浸入清水湿润，然后浸入洗涤液内洗涤。

浸泡是在洗涤之前的一个短暂过程，浸泡分清水浸泡和洗涤剂溶液浸泡。洗涤剂溶液浸泡效果好，但容易使深色和易褪色的衣物掉色。

丝绸、毛料以及不太脏、易褪色的衣物不能浸泡，要直接洗涤。

深色衣物只能用清水浸泡，不能放入洗涤剂溶液中浸泡。

使用时间较长，脏污与织物结合比较牢固的衣物，比如床单、工作服等在洗涤之前可浸泡，但浸泡时间不要太长，15～20分钟即可。

脏污过分严重的衣物可适当延长浸泡时间，使污垢软化、溶解，提高洗涤质量。

家庭中洗涤分为手工洗涤和机器水洗两种。正确选择洗涤方法和洗涤剂是提高洗涤质量的重要因素，否则会导致衣物面料、色彩受损。

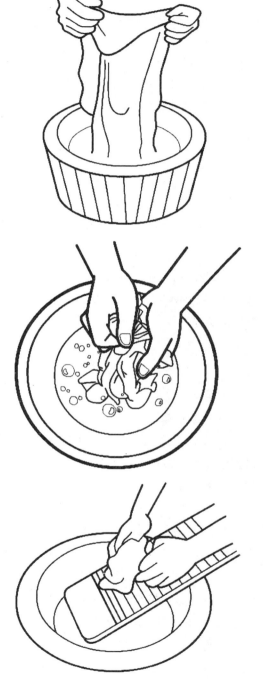

手工洗涤方法有：

1. 拎。用手将浸在洗涤液中的衣服拎起放下，使衣服与洗涤液发生摩擦，衣服上的污垢被溶解除去。拎的摩擦力非常小，洗涤娇嫩的、仅有浮尘和不太脏的衣物，在过水时大多采用拎的手法。

2. 擦。用双手轻轻地来回擦搓衣物，以加强洗涤液与衣物的摩擦，使衣物上的污垢易于除去，一般适用于不宜重搓的衣物。

3. 搓。用双手将带有洗涤液的衣物在洗衣擦板上搓擦，便于衣物上的污垢溶解，适用洗涤较脏的衣服。

4. 刷。利用板刷的刷丝全面接触衣物进行单向刷洗的方法。一般用于刷洗大面积沾有污垢的部分。衣物的局部去渍，也常用刷的方法，只是所用的刷子是小刷子。根据衣物的脏污程度，刷洗时摩擦力可自由掌握。

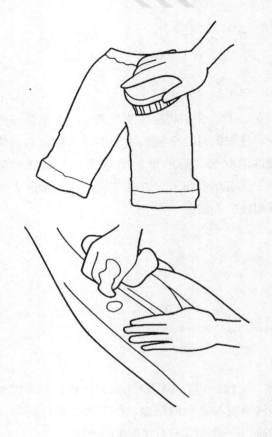

5. 揩。揩是用毛巾或干净白布蘸洗涤液或去渍药水，在衣物的局部污渍处进行揩洗的方法。

步骤 3　过水

过水也叫漂洗，是用水漂洗衣物上的洗涤液，保证衣物清洁的重要环节。

1. 操作时应该注意第一次过水时的水温不能太低（尤其在冬天需要注意）。在水洗的过程中纤维已经膨胀，遇冷收缩，洗衣液不宜洗净，容易造成衣物晾干后发硬不爽，严重时会泛黄变质。

2. 过水次数不要太少，手工洗涤由于力度有限，应增加过水次数直至将洗涤剂完全过清。

3. 过水时，不能使劲拧绞，尤其是丝绸、软缎等衣物要避免与硬物摩擦，只能轻轻拎起沥水。

4. 绣花衣物，上青、咖啡等深色丝绸衣物，洗涤过程中会有落色现象，可在清水中加入适量醋酸，抑制颜色溶落，中和残留在衣物上的碱，增加丝绸的光泽。

5. 漂洗完毕，根据需要使用衣物柔顺剂、蓬松剂等进行后处理，使衣物清香、脱碱、蓬松、柔顺。

步骤 4　干燥

干燥的方法有晾晒与烘干两种。

1. 晾晒。晾晒有阳晾和阴晾之分。

（1）阳晾。阳晾是指在日光下晾晒，颜色日晒牢度较好的衣物可进行阳晾。

（2）阴晾。阴晾是在通风处晾干，不直接接触阳光，丝绸、化纤以及日晒牢度较差的衣物均宜阴晾。

衣物在晾晒之前要抖松、拉平，缝线处、褶皱明显处都要用手拉一拉，使干燥后的衣物比较平整。

羊毛衫、羊绒衫、棉线编织衫遇水后容易变形，手洗后要把它们放在网袋内，沥去水分，再用晾衣杆（竹竿）串好后晾；特别容易变形的服装，要把它平摊在平面上，待七八成干后再用晾衣杆串晾，以减少服装变形。

2. 烘干。烘干是将衣物放在干衣机中烘干，不受气候的影响，是比较理想、比较现代的干燥方式。许多全自动洗衣机带有烘干功能，衣物洗好后可以直接烘干。

（1）衣物在烘筒内不要放得太多，衣物过挤，烘出来会增加褶皱，不宜平服。

（2）纤毛收集口的绒毛要及时清理，保持筒内空气流通，提高烘干效率。

（3）烘干温度一般为60℃，不要调节得太高，以防把不耐高温的面料烘坏。

（4）衣物在烘干时要翻成反面，拉好拉链，保护正面，减少摩擦。

（5）带有毛皮、皮革、绒毛镶拼，或有玻璃珠、塑料片等特殊装饰物的服装，以及保养标志上注明的不能用滚筒式烘干机烘干的衣物不要进烘干机烘。

（6）金属装饰物要用布包裹起来，以免滚动时刮伤服装面料。

项目2　洗衣机的安全操作

场景介绍

　　基本学会了洗涤剂的种类和使用方法，但掌握洗衣机的操作及使用又是李兰面临的需要掌握的技能要求。

　　洗衣机的安全操作尤为重要，涉及了电力及操作技能等方面的知识，李兰感到有难度，但是仍然有信心学会并掌握现代家用电器的操作技能。

技能列表

序号	技　能	重要性
1	掌握洗衣机正确洗涤和安全操作要领	★★★

准备

　　根据产品性能和特点，使用正确的洗涤方法并做到安全操作。

一、使用前的准备工作

　　1. 使用前要阅读说明书，弄清产品的性能、安装方法和使用要求。

　　2. 洗衣机放置要平稳。场地要干燥、通风，不能靠近火源、热源，要避雨避晒。

3. 电源插座安装位置要选择适当并有可靠接地线，使用三孔插头，确保用电安全，洗涤时防止水溅到电源插座上。

二、全自动洗衣机洗涤方法

1. 连接好洗衣机与自来水龙头并打开水龙头，放好排水管，插上电源插头，接通电源。

2. 将待洗衣物口袋内的东西掏出。有金属扣子和金属拉链的衣物，应将扣子扣好，拉链拉好，并将衣物翻转过来。毛衣、尼龙绸等细薄衣物及其他小件物品放入有孔眼的洗衣网袋中，再进行洗涤。

3. 对于领口、袖口、裤脚口等较脏的部位，用手搓洗后按内衣、外衣，颜色深浅，衣物的面料质量和脏污程度分别放入洗衣机。

4. 轻触洗衣机上的电源键，机门自动打开（有的洗衣机不会自动开门，要手工打开）。放入待洗衣物，关闭机门。

5. 按衣服面料、数量在分配盒内投放适量洗衣粉（或中性、酸性洗涤剂）、调理剂。设定浸泡时间、洗涤时的水温和洗涤程序，按下"启动"按钮，开始洗涤。

6. 洗衣结束，切断电源，关闭水龙头，打开机门，取出衣服。放尽排水管余水，用干净抹布擦干洗衣机内外，待彻底晾干后关闭机门。

三、注意事项

1. 插、拔电源插头时，要用手捏住插头外面绝缘部分，不可用手拉电源线，以免损伤电源导线。

2. 操作时不要把水溅到洗衣机控制台面上，更不能用水冲洗外壳，避免事故。

3. 要按照说明书操作各种控制旋钮，特别要注意旋转方向。如定时器只能顺时针方向旋，否则将损坏洗衣机。

4. 在洗水筒内要均匀放置衣物，避免洗涤、脱水时洗衣机偏摆、振动。

5. 洗衣机在使用过程中，如发现波轮底部或进水管接头处漏水、洗衣机发出不正常的响声和特殊气味时，应立即切断电源停机检修。

第 2 节　衣物的晾晒与存放

引　入

随着社会生活水平的提高，社会物质资源的丰富，张女士退休在家，经常会去商店为家人购置各类款式新颖、面料时尚的高档服装，但怎样保管收藏都是听营业员介绍的，感觉很是讲究……

● 场景介绍

已在张女士家从事家政服务的李兰发现了张女士的困惑，于是又一次走进课堂，衣物的晾晒、存放真的是有那么多讲究吗？

技能列表

序号	技　　能	重要性
1	了解衣物保管收藏的基本要求	★★★
2	能用正确的方法保管收藏各类衣物	★★★★

● 准备

了解不同衣物的面料特征，掌握衣物保管和收藏的基本要求，正确使用保管和收藏各类衣物的方法。

一、晾晒

1. 棉、麻织物

各种棉、麻织物一般可以在日光下晾晒，晾晒时要将衣服拉松平整。内衣应正面晒，色泽鲜艳的外衣宜反面晒，防止正面褪色泛黄。

2. 丝织物

各种丝类衣服要阴晾。中式服装要抖松拉平挺，用竹竿串晾；易褪色的衣服，应将衣服褪色的面向外，使其干得快一些，以免流色。

3. 毛料织物

毛料衣服应选择通风处晾干，不能在日光下暴晒，以免失去毛料的光泽，降低纤维强力和弹性，变得手感粗糙。

4. 化学纤维织物

化学纤维织物也不能直接放在太阳下暴晒，否则纤维会氧化发脆。晾时要把褶皱处轻轻展平，尽量使衣服的分量分布均匀，晾在阴凉通风的地方，避免衣服干后走样。

二、存放

人们的生活水平不断提高，对服装的占有量不断增加，档次水平也不断提高。对这些高品位的服装如何保养，对换季后的服装如何收藏，就显得格外重要。只有用科学的保养及收藏办法，才能防止服装发霉变质、虫蛀、破损、褶皱变形，延长服装的使用寿命。

收藏服装时应做到：

- 保持清洁，保持干燥，防止虫蛀，保护衣形。
- 棉、麻、丝、毛、化纤等质料不同的服装要分类存放。
- 内衣、内裤、外衣、外裤、防寒服、工作服等用途不同的服装要分类存放。
- 颜色不同的服装也要分类存放，防止相互串色，同时也便于取用。
- 皮装还要保脂，防干裂。

1. 保持清洁

（1）收藏的衣服要清洁干净。穿过的衣服都会受到外界及人体分泌物的污染，如不及时清洁，长时间黏附在服装上，就会慢慢渗透到织物纤维内部，最终难以清除。

（2）橱柜要清洁干净。收藏衣服的橱柜要保持干净，没有异物及灰尘，并定期进行消毒灭菌，以免污染衣服。

2. 保持干燥

服装收藏存放时，要保持服装及存放空间的相对干燥度。

（1）存放前要晾干。如果把没有干透的服装收藏存放，不仅会影响服装自身的收藏效果，同时也会降低整个服装收藏存放空间的干燥度。

（2）存放空间要干燥。收藏存放服装的空间应通风干燥，要设法降低空气湿度，避开潮湿和有挥发性气体的地方，防止异味气体污染服装。

（3）适时通风和晾晒。服装在收藏存放期间，要适时地进行通风和晾晒，尤其在伏天和梅雨季节过后，更要注意通风与晾晒。

3. 防止虫蛀

棉、麻、丝、毛服装的天然纤维织物易招虫蛀和霉变，除了要保持服装清洁和干燥外，还应使用各种防霉防蛀药丸。

新一代的樟脑丸、防霉防蛀片剂和喷雾剂没有萘的成分，使用安全，效果好。但防蛀剂用量过多或者直接与织物接触，时间长了，会加快织物老化，影响衣物的使用寿命，还会造成污斑，白色、浅色织物泛黄，深色织物褪色等问题。因此，在使用时须按照说明，正确使用。

一般情况下，防霉防蛀药物不能与衣物直接接触，要用干净透气的白纸或白布包好，放在服装的口袋、夹层及箱柜的四角，或吊挂在衣橱的四角，让药物气体弥漫在橱柜内，达到驱杀霉菌、蛀虫的目的。

在各类服装中，化纤服装不易虫蛀，也不能与樟脑丸直接接触，否则会发生化学反应，损伤衣料。

4. 保护衣形

收藏存放服装时，要重视保护好衣形，不能使其变形走样或者出现褶皱。按衣物的不同要求，收藏的方法有折叠存放、悬挂存放和压缩存放。

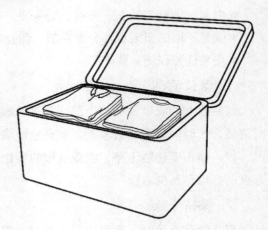

（1）折叠存放。箱柜内的衣物一般都是折叠存放，折叠存放的衣物主要有各种内衣、毛衣、床单、被面、被套和工作服等对褶皱要求不高的衣物。

（2）悬挂存放。悬挂存放是利用衣橱，把衣服用衣架挂起来存放，主要针对不允许有折痕，并且难以通过熨烫等手段来消除折痕的服装，这类服装主要有各种皮衣、精纺呢绒大衣、西服及其他各种高档服装。

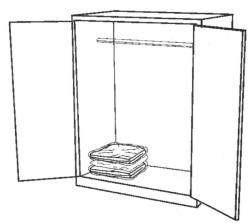

（3）压缩存放。利用抽气压缩袋，把需要存放的衣物抽尽空气，压缩体积，便于存放。衣物经过抽气压缩后，会产生许多密集的褶皱，消除压缩后，褶皱很难完全清除，压缩存放只适用于对褶皱没有要求的衣物，一般用来存放棉被等厚重物品。

5. 注意事项

（1）棉织物。纯棉外衣洗涤后要熨烫定型，晾干后用衣架挂起或折叠存放。纯棉起绒服装在折叠存放时，要防止受压，如立绒、灯芯绒等服装，长期受压会使绒毛倒伏。收藏这些服装时应将其放在上层，或用衣架挂起，避免因受压而使绒毛倒伏，影响美观和穿着效果。

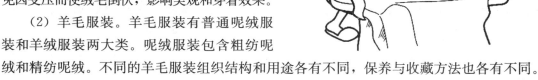

（2）羊毛服装。羊毛服装有普通呢绒服装和羊绒服装两大类。呢绒服装包含粗纺呢绒和精纺呢绒。不同的羊毛服装组织结构和用途各有不同，保养与收藏方法也各有不同。

1）呢绒服装。呢绒服装在收藏时要去除灰尘，晾透去潮后存放，最好干洗一遍，干洗不仅保持了服装的清洁度，同时也对服装进行了一次消毒。呢料服装有很强的吸湿性，在阴雨过后，应经常将其通风晾晒，防止霉变，晾晒时要避开强光或晒反面，以免服装褪色。精纺呢绒服装是高档服装，切不可乱堆乱放，造成褶皱，保护衣形尤为重要。特别是长毛绒服装更怕叠压，应用衣架挂起，避免走样失去风韵。

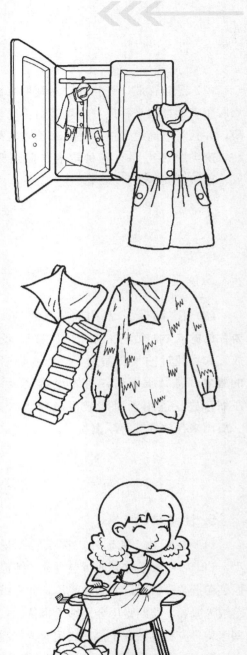

2）羊绒服装组织结构松散，不要用力拉扯，防止变形。收藏时应放在箱内的上层，防止受到重压，以免失去蓬松和保暖的性能。一些拉毛的长毛衫，在穿之前可用软毛刷顺着毛的走向把毛拉起后再穿，使衣形恢复丰满的状态，不失原有的风韵。白色羊绒衫最好用布或纸包好，不要用塑料袋，塑料袋不透气，易招致绒线发霉或产生污迹。

（3）丝绸服装。丝绸服装质地轻薄，色泽鲜艳，保管和穿用时要加倍小心。丝绸服装在收藏前要彻底清洗干净，最好干洗一次，这不仅能保护质地和避免变形，也起到灭菌杀虫的作用。洗后的丝绸服装要熨烫定型，使其表面平整挺括，增强抗皱性能。

在收藏丝绸服装时，白色的丝绸衫最好用蓝色纸包起来，防止泛黄；花色鲜艳的绸衣用深色纸包起来，可以保持色彩不褪色。丝绸衣服要与裘皮、毛料服装隔离收藏，同时还要分色存放，防止串色。

（4）合成纤维服装。合成纤维服装在收藏之前要清洗干净、熨烫平整，否则因收藏时间长，会使服装上的褶皱老化、难以平服而影响穿用。合成纤维织物的亲水性较差，但可以湿润，在湿度较大温度较高的状态下仍可能发生霉变，所以在潮湿的季节过后要经常通风除潮。

化纤织物虽然不易被虫蛀，但在一定条件下，如箱柜中已有蛀虫存在，也不排除有被虫蛀的可能，因此，在收藏化纤服装时也要放防蛀剂以防虫蛀。

（5）皮革服装。皮革服装要经常擦洗，保持干净，还要常打油补脂保持弹性，防止革质变硬发生干裂。皮革服装遇水会发生板结，若受水淋后要及时用布擦干，避免皮质发硬。皮革服装不可在强光下暴晒或火烤，高温会使皮革收缩变形。

皮革服装在收藏存放前要用干布擦去浮尘，用湿布擦去污垢，如能干洗更好。洗净的原皮上涂上柔软剂或皮衣油，皮革吸附后再用软毛刷把表面打出光泽，这样既增强了皮衣的抗皱能力，又增加了皮革的柔软度，并能防止干裂现象的发生。

皮革服装不能折叠存放，长期折叠存放会产生难以平服的褶皱，应当用大小合适的衣架挂起来单独存放。

皮革服装有一定的吸湿性，长期受潮的情况下容易发霉，因此，在收藏存放时要保持一定的干燥，在多雨潮湿的季节过后要通风晾晒，避免其发霉变质。收藏存放的衣柜中放入一些防蛀剂，可使皮革服装免遭虫蛀。

（6）裘皮服装。裘皮服装是冬季防寒的高级服装，在季后要及时收藏，不可在外边久挂，免遭污染。

裘皮服装收藏前要毛皮朝外日晒2～3个小时，这不仅能使毛皮干透，还能起到杀菌消毒的作用。然后除尽灰尘，在通风处晾凉后叠好或挂起，在夹层内放入樟脑丸等防霉防蛀药剂，用布将其包好，放入橱柜中，这不仅能防尘隔离，也能起到一定的防潮作用。

裘皮服装收藏存放时要保持干燥，切勿受潮受热，裘皮服装受潮后会出现反硝现象，使皮板变硬发脆。此外，裘皮服装受潮后易受细菌侵蚀，脱毛虫蛀。高温能使幼嫩的毛绒卷曲或灼坏。

羊、猫、狗、兔等粗皮裘皮服装，要在夏季中取出，在阳光下晒 3～4 个小时，待晾透后除掉灰尘，放入樟脑丸，用布包好放回箱柜中；紫貂、豹皮、黄狼皮、灰鼠皮等细毛裘皮服装，毛皮细嫩不宜直接暴晒，可在阴凉通风处晾晒，或在毛皮上盖一层布晒 1～2 个小时，阴凉后除去灰尘，放入樟脑丸，再用布包好放回橱柜内；染色的皮毛不宜暴晒以免褪色。

裘皮服装在收藏存放时，要注意保护好毛峰，对一些粗毛类服装可以折叠存放，但只能放在其他服装之上，以免挤压走样；高级名贵的裘皮服装要用衣架挂起，为防止感染污垢和虫菌，要与其他服装隔离单独存放。

模拟测试题

一、判断题（判断下列各题，正确的打"√"，错误的打"×"）

1. 干洗后服装上的污垢能彻底去除，但衣物易霉蛀。 （　　）

2. 用加酶洗衣粉洗衣时，溶化洗衣粉的水温不得超过 60℃。 （　　）

3. 肥皂可用于洗涤任何纤维纺织品。 （　　）

4. 加酶洗衣粉洗涤贴身用品及床上用品中的棉织品效果较好。 （　　）

5. 洗衣机可洗涤涤棉，低档毛、麻等织物，但不宜用来洗涤丝绸及毛线。 （　　）

6. 合成纤维衣物一般可在阳光下直接晒干。 （　　）

7. 毛料衣服晾晒时，应选择通风处晾干，不要在日光下暴晒。 （　　）

8. 衣服晒后即放入箱柜中收藏，可以起到预防虫蛀的作用。 （　　）

二、单项选择题（下列每题有 4 个选项，其中只有 1 个是正确的，请将其代号填在括号中）

1. 家庭中贵重的服装、（　　）及历史文物等都应采用手工干洗法清洗。

　　A. 毛皮帽　　　　　B. 衬衫　　　　　C. 棉毛衫　　　　　D. 裙子

2. 洗涤全棉床单，水温可达到（　　）℃。

    A. 30～40   B. 40～50   C. 60～70   D. 80～90

3. 化学纤维服装的洗涤温度一般在常温或（　　）℃左右。

    A. 30   B. 40   C. 50   D. 60

4. 滚筒洗衣机一般选用（　　）洗涤衣物。

    A. 高泡洗衣粉   B. 低泡洗衣粉   C. 肥皂   D. 中泡洗衣粉

5. 洗涤沾染血渍、奶渍的衣物一般选用（　　）。

    A. 高泡洗衣粉   B. 低泡洗衣粉   C. 加酶洗衣粉   D. 中泡洗衣粉

6. 洗衣机在洗涤时要根据衣物的（　　）来确定洗涤的方式。

    A. 重量   B. 件数   C. 颜色深浅   D. 面料

7. 丝绸织物应在（　　）处晾干。

    A. 通风处   B. 室内   C. 阳光下   D. 室外

8. 下列面料如（　　）不易招虫蛀，存放时不要用防蛀剂或杀虫剂。

    A. 棉   B. 人造棉   C. 真丝   D. 羊毛

模拟测试题答案

一、判断题

1. ×　2. √　3. ×　4. √　5. √　6. ×　7. √　8. ×

二、单项选择题

1. A　2. D　3. B　4. B　5. C　6. D　7. A　8. B